沙漠的秘密

刘清廷◎主编

时代出版传媒股份有限公司

安徽美术出版社

全国百佳图书出版单位

图书在版编目（CIP）数据

沙漠的秘密/刘清廷主编. —合肥：安徽美术出版社，2013. 3（2021.11 重印）（奇趣科学. 玩转地理）

ISBN 978－7－5398－4251－6

Ⅰ. ①沙… Ⅱ. ①刘… Ⅲ. ①沙漠－探险－青年读物②沙漠－探险－少年读物 Ⅳ. ①P941.73－49

中国版本图书馆 CIP 数据核字（2013）第 044184 号

奇趣科学·玩转地理

沙漠的秘密

刘清廷 主编

出 版 人：王训海

责任编辑：张婷婷

责任校对：倪雯莹

封面设计：三棵树设计工作组

版式设计：李 超

责任印制：缪振光

出版发行：时代出版传媒股份有限公司

安徽美术出版社（http://www.ahmscbs.com）

地 址：合肥市政务文化新区翡翠路 1118 号出版传媒广场 14 层

邮 编：230071

销售热线：0551–63533604 0551–63533690

印 制：河北省三河市人民印务有限公司

开 本：787mm×1092mm 1/16 印 张：14

版 次：2013 年 4 月第 1 版 2021 年 11 月第 3 次印刷

书 号：ISBN 978－7－5398－4251－6

定 价：42.00 元

{P REFACE}

前言▶▶

沙漠的秘密

　　沙漠是指地面完全被沙所覆盖、植物非常稀少、雨水稀少、空气干燥的荒芜地区。

　　据科学统计，沙漠占地球陆地面积的三分之一还多。在这大片广袤而寂静的沙漠里很难找到生命的踪迹，由此，人们往往把广阔的沙漠称之为"死亡之海"。每一个试图穿越它、征服它的人都将付出惨重的代价。

　　但是，在沙漠里和死神决斗的探险家们却征服了一片又一片渺无人烟的沙漠，他们以生命的代价换来了丰厚的回报，在那些浩瀚、了无生机的沙漠中留下了人类的足迹。如今，人类已经征服了地球上的每一块沙漠。

　　沙漠是沙质荒漠，它也会变大、缩小。近年来由于人类过度地破坏生态环境，沙漠化有逐年扩大的趋势，至今为止，有43%的土地正面临着沙漠化的威胁。为此，人类应该认识到防止土地沙漠化的紧迫性。

　　人类到沙漠里去探险，也是为了更好地了解沙漠，发掘埋藏在沙漠之下的宝藏。经过人类的探险活动，人类揭开了沙漠神秘的面纱，了解了许多有关沙漠的知识。

　　《沙漠的秘密》就是一本沙漠旅游日志，在这本书中，为读者朋友们详细地介绍了世界上的各大沙漠，以及探险家们在这些沙漠中的探险活动。希望通过阅读本书，能为喜欢探险的你，提供一些帮助。

　　让这本《沙漠的秘密》成为指引你探险之路的明灯吧！

C ONTENTS

目录 沙漠的秘密

世界的著名沙漠

神秘的西域之行

　　神秘的西域风情吸引着一代又一代人的探险活动，从古至今就一直没有停止过。我国早些时候开辟丝绸之路的张骞，西行取经的玄奘。现代西域探险也比较红火，勇闯大沙漠的刘雨田，探索新疆鬼城等。这些探险家凭借着个人意志在未知的世界里独行，取得了丰硕的成果。

　　那么，探险家们钟情的西域到底是哪里呢？两汉时期，人们把现今甘肃玉门关和阳关以西，也就是今天新疆地区和更远的地方，称为西域。

　　不管西域的范围有多大，西域的魅力却吸引了无数人的探索、驻足。

张骞开辟丝绸之路

说到丝绸之路，几乎无人不知，无人不晓。但是，如果说到丝绸之路的开辟者张骞勇往直前，在流沙中西行的探险之路就没有多少人知晓了。

丝绸之路开辟者张骞的雕像

张骞是西汉时期伟大的探险家。他出使西域，历经多年，足迹遍及天山南北和中亚、西亚各地，是中原去西域诸国的第一人。

当时，西汉正在准备进行一场抗击匈奴的战争。一个偶然的机会，汉武帝从一个匈奴俘虏口中了解到，西域有个大月氏，其国王被匈奴单于杀死了。于是，汉武帝想联合大月氏，以"断匈右臂"，决定派使者出使大月氏。

沙漠、雪山、绿洲，时而长风漫卷、飞沙走石，时而万里寂静。牧人的炊烟袅袅升起，直接云天，驼铃响过，这片大地又复天地开辟时的苍凉。这就是古代的西域。

基本小知识

绿　洲

绿洲指沙漠中具有水草的绿地。绿洲土壤肥沃、灌溉条件便利，往往是干旱地区农牧业发达的地方。它多呈带状分布在河流或井、泉附近以及有冰雪灌溉的山麓地带。

然而，要越过西域的流沙与荒漠，横越西域，既要有外交家的雄辩之舌，又要有探险家的胆魄。汉武帝用招贤榜的方式，在全国范围内招募贤能之士。

张骞以郎官身份应招，肩负出使大月氏的任务。

公元前 138 年，张骞由匈奴人堂邑父做向导，率领百余人，浩浩荡荡地从长安西行。张骞一行一路逐水草、簧野火，躲避一切可疑的踪迹，提防着随时可能发生的明攻暗袭。可是即便如此小心，他们还是一出甘肃临洮就与一队匈奴马队遭遇。除张骞和堂邑父被俘外，其他人全部被杀。

汉武帝

匈奴单于知道了张骞西行的目的之后，自然不会轻易放过他。张骞和堂邑父被迫分开去放羊牧马，并由匈奴人严加管制。他们还强迫张骞娶了匈奴女子为妻，一是监视他，二是诱使他投降。但是，张骞坚贞不屈，虽被软禁放牧，度日如年，但他一直在等待时机逃跑，以完成自己的使命。

时间一点一点过去了。11 年后的一个月黑之夜，张骞带上匈奴妻子和向导堂邑父，趁匈奴不备，逃离了匈奴。

大惊初定，张骞依然初衷不改，又继续起出使西域的重大使命。由于他们仓促出逃，没有准备干粮和饮用水，一路上只能忍饥挨饿，干渴难耐，随时都会倒在荒滩上。好在堂邑父射得一手好箭，沿途常射猎一些飞禽走兽，饮血解渴，食肉充饥，才躲过了死神之手。

他们沿天山南麓，经过焉耆、龟兹、疏勒，终于越过沙漠戈壁，翻过冰冻雪封的葱岭（今帕米尔高原），来到了大宛国（今费尔干纳盆地）。这里是中亚的一个富裕之邦，人口数

张骞墓

十万，有 70 余城镇，盛产"天马"。大宛王早有通汉之念，所以欣然派出向导、翻译，护送张骞来到大月氏国，但是，此时大月氏的国情已发生很大变化。大月氏已建立了新王朝，事农耕，国富民强，时过境迁，对匈奴已无图报之志。张骞仔细考察了西域诸国的山川地理、城网市镇和民风民俗。

张骞在大夏等地考察了 1 年多后启程回国。归途中，张骞为避开匈奴控制地区，改道向南。他们翻过葱岭，沿昆仑山北麓而行，经莎车（今新疆莎车）、于阗（今新疆和田）、鄯善（今新疆若羌）等地，进入羌人居住地区。途中又为匈奴骑兵所获，被扣押 1 年多。

公元前 126 年，匈奴内乱，张骞等人乘机逃回西汉。汉武帝详细地听取了他对西域情况的汇报后，十分高兴，封他为博望侯。

公元前 119 年，他又率队从四川出发，对中国西南地区进行了大规模探险活动，但因蛮人阻挠而失败。之后，他又以中郎将身份，第二次出使西域，取得了外交进展。公元前 114 年，也就是第二次出使西域后一年，张骞病逝于长安。人们以"张骞凿空"四字概括了他出使西域的贡献和传奇的一生。

张骞出使西域后 15 年，汉朝军队在西域大败匈奴，控制了张掖、酒泉等关口，疏通了西域交通线。约公元前 105 年，汉朝派出了一个丝绸商队到达安息（今伊朗地区），使边境出现了中国与西域间的物产大交流。这就是著名的丝绸之路。

玄奘西行取经之路

张骞通西域之后，另一个富有传奇色彩的人物也通过西域到达了印度，这个人就是玄奘。关于玄奘到印度去的富有传奇色彩的探险旅行，中国的读者多是从《西游记》这部著名的小说中了解到的，特别是富有想象力的作家吴承恩塑造了唐僧的法力无边的徒弟孙悟空、猪八戒、沙和尚的形象，把玄奘到西天取经的旅程赋予神秘的色彩。只是现实中的玄奘和小说中的唐僧相去甚远，旅行中的经历更是大相径庭，但是从《西游记》的问世以及其历久不衰的影响也可看出，玄奘当年赴印度旅行在社会上产生的影响是相当深远的，绝不亚于20世纪"阿波罗"的登月旅行。

玄奘是隋末唐初人，生于洛州缑氏（今河南偃师县缑氏镇）。他本名叫陈祎，12岁在洛阳净土寺出家，法名为玄奘，因他是唐代有名的和尚，后来称他唐僧，又尊称三藏法师。

唐初，佛教内部派别甚多，对佛教教义的理解和解释分歧甚大，长期争论不休。玄奘为了钻研佛经，曾到河南、四川、陕西、湖北、河北等地，向德高望重、学识渊博的高僧请教，成为国内有名的佛学家。但他仍深感要改变佛教界众说纷纭的局面，必须到佛家发祥地——印度去取得佛教经典。

由于唐初国内政局并不稳定，边境也不安宁。尤其是西北边境时常受到突厥族的骚扰，朝廷严厉限制百姓出境。玄奘曾向朝廷申请出国，到印度研究佛学，在这种情形下未能获得批准。

玄奘法师

玄奘并未放弃自己的打算。他一面向外籍和尚学习西域和印度的语言文字，做好出国的准备，一面耐心等待时机——唐贞观元年（627年），他终于等到了千载难逢的机会。

这年，河南、甘肃一带发生严重的饥荒，许多地方因自然灾害颗粒无收。灾民纷纷涌进首都长安和不少城镇。为了缓和灾情，更主要是为了减轻朝廷压力，唐太宗发布命令允许灾民易地就食，逃荒到年成好的地区，于是大批灾民背井离乡，外出逃荒。

玄奘获悉这一情况，立即混入逃荒的饥民之中，偷偷地离开长安，向甘肃方向前进。但是也许是他的知名度较高，朝廷很快获悉玄奘企图偷越国境的消息。

　　玄奘刚刚到达凉州（今甘肃武威），一道紧急公文由长安追到凉州，命令凉州都督李大亮立即将玄奘扣留，并将他遣送回长安。但是消息被人泄露，玄奘在当地一个热心的僧人的协助下，日夜不停地逃出凉州关口，到达甘肃安西县东南，即古代的瓜州。

　　瓜州刺史独孤达是个虔诚的佛教徒，对远道而来的玄奘热情款待不说，还主动帮他打听去印度的路线。玄奘在瓜州呆了一个多月，进行长途旅行的准备，当时遇到的最大困难是找不到一个向导。就在这里，追捕玄奘的公文到达瓜州，独孤达虽然并未为难玄奘，但也不敢挽留。玄奘焦虑万分，这时有个名叫石槃陀的西域人，拜他为师，并自愿护送他到边界。玄奘转忧为喜，买了马匹，连夜出发了。

　　从瓜州向西，要渡过疏勒河和玉门关，沿途有5座烽火台，均有唐朝的边防军防守，对出入边境的人检查严格，如若未经允许越境则格杀勿论。

　　玄奘过疏勒河不久，石槃陀见路途遥远，危险丛生，便中途变卦离开了玄奘，但是玄奘毅然一人策马西行。他凭借着沙漠中的一堆堆人畜的白骨和骆驼马匹的粪便为标志，向大漠去。

　　在到达边关的第一座烽火台时，玄奘被发现了，顿时一阵飞箭朝他袭来。玄奘无奈只得从隐藏之处走出，向守卫边关的士兵说明来历和意图。也巧，守卫烽火台的武官也是佛教徒，不但没有扣留他，反而留他住宿，次日送他上路，并关照各烽火台为他放行。西行路上人为的障碍，到此总算解决了。然而，当巍峨的烽火台在大漠中消失之际，孤身一人的玄奘进入了渺无人烟的莫

你知道吗

戈壁

　　戈壁在蒙古语的原意是指"土地干燥和沙砾的广阔沙漠"。戈壁滩东西约1600千米、南北约970千米、总面积约130万平方千米，是世界第五大沙漠。戈壁也是蒙古帝国的老家，也是匈奴和突厥的活跃地点。古代自秦朝以来，汉字史书里以"大漠"之称。戈壁的形成是由于喜马拉雅山的雨影效应阻挡了雨云抵达戈壁地区。

贺延碛，这就是甘肃安西与新疆哈密之间广达 400 千米的戈壁滩。

　　这里比沙漠还要荒凉的石质戈壁滩，到处是黝黑色的砾石，寸草不生，连飞鸟也难以飞过。白天，烈日当空，酷热难耐，有时，狂风卷起飞沙走石，顿时天地昏暗，人马难行。有时，沙漠上出现海市蜃楼，看上去明明是旌旗飞扬，数百骑战马奔驰而来，仿佛是追兵跟踪而至，转瞬之间，又化作村和树林，忽隐忽现，千变万

哈密的戈壁

化。夜晚的戈壁滩，更是令人恐怖，磷火四处游动，忽明忽灭，如同游走的幽灵。不过这些对于玄奘来说，乃是早有思想准备的，最大的困难是缺水。

　　原来进入莫贺延碛不久，玄奘失手打翻了盛水的皮袋子，致使路上的饮水全部倒光。他本想返回烽火台向边防士兵讨点水，可是他当初立过誓言："宁可西进而死，决不东归而生！"于是，玄奘便在无水的情形下冒险闯入莫贺延碛。

　　一连四五天，玄奘滴水未沾，跋涉在茫茫无际的戈壁滩，最后，终因体力不支，晕倒在地。夜晚一阵凉风把昏迷的玄奘吹醒，他挣扎而起，继续前行，忽然发现一片草地，还有一眼清泉。绝处逢生的玄奘惊喜万分，人马痛饮一番，好好休息一天，又装满一皮袋水，抖擞精神继续上路。两天后，戈壁滩被远远地甩在后面，玄奘来到伊吾国（今新疆哈密）。

　　当他到达伊吾国时，消息很快传到高昌国，高昌国王是虔诚的佛教徒。他立即派使臣迎接玄奘，邀请玄奘到高昌讲经传道。《西游记》中有唐僧师徒过火焰山的故事，现实中火焰山就在高昌国（今新疆吐鲁番），不过玄奘在高昌国并未受到火焰山的阻滞，反而受到高昌国王的热情挽留。他在这里停留了一个月，最后当玄奘执意西行时，高昌国王送给玄奘大批衣物、盘缠、马匹，并派几十名和尚、民夫护送。为了方便玄奘，高昌国王特写亲笔信，派大臣护送玄奘去见西突厥最高统治者叶护可汗（当时西域大部地区，包括今

新疆和中亚都在西突厥的管辖之下），还给玄奘经过的 24 个国家的国王一一写信，请他们给玄奘提供方便。

告别好客的高昌国王，玄奘一行沿着丝绸之路从天山南麓越过冰雪覆盖的凌山（今天山的穆素尔岭），再经大清池（今阿塞克湖），到达西突厥的碎叶城（今托克马克）。然后沿中亚荒漠的南缘，攀登葱岭，穿过从中亚通向南亚的重要通道——铁门，取道阿富汗，踏上了他取经的目的地——印度半岛。

> **趣味点击** 国 王
>
> 国王是一国之长。古代称诸侯封地为国，一国之长称王。自汉以后，则以国王为最高封爵。宋、元又作为封号，清则改称为亲王。国王还是现代某些君主制国家元首的一种名称。

在漫长的旅途中，有水草丰美的绿洲，也有山岭陡峭、地形崎岖的穆素尔岭。在通过穆素尔岭的冰峰雪岭时，玄奘一行用绳索把人马连接在一起，在崎岖山道上小心翼翼地前行，以防滑下冰谷深渊。夜晚，寒风凛冽，也只能卧冰而睡。大声说话是绝对禁止的，因为冰雪稍受震动就会坍塌，导致雪崩发生。然而即使如此，他们在翻越穆素尔岭时，竟有一半的随行人员被活活冻死了。

翻越穆素尔岭，又是另一番世界。玄奘和剩下的随行人员经过雪山怀抱的大清池，饱览了这儿的湖光山色。"山行四百余里，至大清池，或名热海，又谓咸海，周千余里，东西长，南北狭，四面负山，众流交凑，色带青黑，味兼咸苦，洪涛浩汗，惊波汩，龙鱼杂处，灵怪间起，所以往来行旅，祷以祈福，水族虽多，莫敢渔捕。"玄奘在他后来写的《大唐西域记》中这样描写大清池。接着，他们来到唐代大诗人李白的故乡碎叶城，会见了西突厥的叶护可汗。

离开碎叶城，玄奘在叶护可汗委派的一名驿史的陪同下，出西突厥的险要关口——铁门。这是一道纵深 250 千米的峡谷，中为狭窄通道，两旁尽是陡峭的悬崖，岩石的颜色像铁一样，所以称为铁门要塞。出铁门，又经过许多国家，玄奘一行越过比穆素尔岭还要险峻的兴都库什山，到达迦毕试国（今阿富汗首都喀布尔）。当他到达印度时，已是离开长安的 1 年以后了。

那烂陀寺遗址

玄奘于 628 年夏末入印度，在这个佛教的发祥地度过了 15 个寒暑，足迹遍及印度半岛。玄奘先在喜马拉雅山西麓的迦湿弥罗国（今克什米尔）留学两年，向当地的佛学大师学习佛学，钻研佛经。然后游历了十多个小国，参观佛教圣地，调查各地的历史、地理和风土人情。631 年，玄奘进入中印度，沿恒河继续访问各地著名佛学大师，瞻仰佛教圣迹。这年他在全印度佛学中心的那烂陀寺定居下来，用了 5 年时间潜心钻研佛教经典，终于成为名闻遐迩的那烂陀寺十大法师之一。

从 638 年起，这位旅行家又继续到印度各地漫游。当他 641 年重回那烂陀寺时，由于在佛学上取得的巨大成就，被推举为那烂陀寺的讲席。他是公认的全印度最有学问的佛学大师！

他达到了来印度取经的目的，于是 643 年春天，玄奘谢绝印度友人的挽留，用大象和白马驮着佛经、佛像和花种，离开钵罗耶伽（今印度的阿拉哈巴德）踏上返回祖国的归程。他返回时走的是另一条路线，即越过大雪山，由南路经葱岭，从疏勒、于阗、鄯善至敦煌、瓜州，和当年法显出国的路线相近。在路上，他整整走了 2 年，于 645 年回到长安。

玄奘虽然是出于宗教的目的前往印度的，但是和他本人的初衷不同的是，后代的学者最感兴趣的还是他的旅行。他行程 2.5 万千米，游历了 110 个国家，特别是回国后，应唐太宗要求由玄奘口述，弟子辩机记录，最后经玄奘亲手校订的一部伟大著作《大唐西域记》，是这位旅行家对世界探险史的重要贡献。这部著作真实地记述了玄奘亲身经历的 110 个国家和传闻得知的 28 个以上的城邦、地区的地理位置、山脉河流、地形气候、交通城市、风土习俗、物产资源、民族历史、宗教文化等情况。书中涉及的地域，从我国新疆西抵伊朗和地中海东岸，南抵印度半岛、斯里兰卡，北面包括现在的中亚细亚南部的阿富汗东北部，东到中南半岛和印度尼西亚一带。由于文笔严谨，准确朴实，这部著作问世后一直受到中外学者的重视，被译成多种文字，至今仍是研究中亚、南亚和中西方交通史重要的文献。

664 年，62 岁的玄奘在陕西省铜川市玉华寺圆寂。

斯文·赫定走进楼兰

19 世纪末 20 世纪初，西方探险家掀起了一股中亚腹地地理探险热，瑞典人斯文·赫定率领的考察队进入了塔克拉玛干沙漠。在沙漠中他们历经千辛万苦，失去了很多同伴，但是一个惊世的发现也成就了斯文·赫定。这个惊人的发现就是楼兰！

斯文·赫定

楼兰的发现不能不提到斯文·赫定。他在中国西部的地理发现，使他成为瑞典最后一个被封的贵族。斯文·赫定是一个以测量学见长的地理学家。

第一个把我国的塔克拉玛干沙漠叫做"死亡之海"的，也是这位瑞典探险家斯文·赫定。塔克拉玛干沙漠是世界第二大沙漠。生活在沙漠周边的维吾尔族人给这沙漠冠以"进去出不来"（"塔克拉玛干"的意译）的形象称呼。100 多年来，虽然有过从南到北横穿的先例，但东西横穿沙漠全境的纪录却没有过。19 世纪末，斯文·赫定曾试图从西向东徒步横穿大沙漠。他和同伴真正体验到死亡是如此贴近，他的 2 个同伴均遇难，只有他一个人逃出了"死亡之海"。

拓展阅读

青藏高原

青藏高原，中国最大的高原，世界平均海拔最高的高原。它位于中国西南部，包括西藏自治区和青海省的全部、四川省西部、新疆维吾尔自治区南部，以及甘肃、云南的一部分。整个青藏高原还包括不丹、尼泊尔、印度、巴基斯坦等的部分，总面积250万平方千米。境内面积240万平方千米，平均海拔4000～5000米，有"世界屋脊"和"第三极"之称。青藏高原是亚洲许多大河的发源地。

1895年，斯文·赫定来到喀什。美国人类学家路易·亨利·摩尔根断言打开人类文明之谜的钥匙在塔里木盆地，因为塔里木盆地可能是人类最早的诞生地之一。而且沙漠边缘城镇麦盖提的居民中早就盛传着阴森可怖的故事：塔克拉玛干沙漠中有一座宝城，谁要拿了那里的金银财宝，就会中魔，在那里原地打转，怎么也走不出来，直到最后倒毙荒漠，留下一堆白骨……

沙漠中怎么会有金银财宝呢？难道说沙漠中真是人类最早的诞生地之一？

或许正是这些阴森恐怖而又神秘的传说激起了斯文·赫定这个探险者的好奇心，他毅然决定闯进那片神秘的沙漠！

1895年4月10日，这一天曾长久留在了麦盖提地方的拉吉里克村村民的记忆之中。清晨，斯文·赫定的驼队离开了村长托克塔霍加的大院落。全村男女老少都来围观。

"他们再也不会回来了！"一个老人大声预言。

"负载太重！骆驼迈不动步子啊！"另一个人冲驼夫们叫道。

长住在村里放高利贷的印度商人将一把把铜币抛洒到空中，任孩子们争抢，并高喊："一路顺风！一路顺风！"上百人追随驼队走了好长一段路……

以后的沙漠探险证明，精良装备没有起到应有的作用。斯文·赫定有8峰骆驼、2条狗、3只羊、1只公鸡和10只母鸡，有够一行食用三四个月的粮食、6枝短枪，当然还有气温表、测高仪等科学仪器……可是，他唯独没有带上足够的水。

在穿越叶尔羌河与和田河之间的广袤沙漠时，不但从未遇到传说中的古城，反而折戟沉沙，几乎葬送了整个探险队，他低估了沙漠的压力，高估了自己的运气。几天之后，他发现由于一个驼夫的疏忽，所带的水已经用光。在此后的行程，他们喝过人尿、骆驼尿、羊血，一切带水分的罐头与药品也是甘露。最后，不得不杀鸡止渴，可割掉头，母鸡的血已经成了凝固的"玛瑙"。

斯文·赫定带领的驼队

知识小链接

骆 驼

骆驼有两种，有一个驼峰的单峰骆驼和两个驼峰的双峰骆驼。单峰骆驼比较高大，在沙漠中能走能跑，可以运货，也能驮人。双峰骆驼四肢粗短，更适合在沙砾和雪地上行走。

不过，和田河的河岸林带，却赋予他超常的毅力。当斯文·赫定最终挣扎着来到和田河时，他才发现那实际上是个季节河。初夏的这一段河道干涸无水。这个意外使他几乎崩溃。

但幸运的是，那是一个月圆之夜，他意外发现干河对岸水波在折射月光。是幻觉？是濒死的痴迷？来到跟前他还不敢相信自己已经得救，直到像牛羊一样"饮"到了水。那是和田河中游的一处水潭，全靠旺盛的泉水才保持在枯水期也不干涸。这就是著名的"天赐的水池"。此后，探险家斯坦因、瑞典科学家安博特都找到过这个水潭。

斯文·赫定以丧失了全部骆驼、牺牲了2个驼夫、放弃了绝大部分辎重的代价，获救于和田河。从此该沙漠有了一个别名"死亡之海"。斯文·赫定则从灭顶之灾中获取了受用终生的教益。他遗失了 2 架相机和 1800 张底片。驼队辎重是古老绿洲塔瓦库勒村村民找到的。1 年之后斯文·赫定拿回了已经让好奇的乡民拆成废铁的蔡斯相机，而底片全部报废。当时底片是干片，不是胶片，是一块书本大的毛玻璃涂了感光材料。拆开包装，干片就曝光作废了，但不乏想象力的乡民却将这块玻璃利用起来。为了保暖，他们的土屋采光极差。有了玻璃，乡民在土屋顶捅开一个气孔，再将毛玻璃嵌在气孔上，就成了保温又透亮的小小天窗。民居破天荒地有了天窗，但斯文·赫定却再也买不到底片。

广角镜

探险可以使人得到自然的馈赠

在大自然中旅行，只要留心观察一下，就会发现许多值得我们采集收藏的自然之物：千姿百态的树根、晶莹剔透的雨花石、形状各异的树叶，乃至名贵中草药、奇石等。

此后的探险途中，他用铅笔速写代替照相，结果，这个"灾难"却造就了一个极具个性特点的画家。他一生留下了 5000 多幅画。他因缺水而"败走麦城"，结果在此后 40 年探险生涯中他牢牢地记住吸取这个教训。他的一大发明就是选择冬天，携带冰块进入沙漠。塔里木河的水往往含有盐碱，容易变质，而且不利于健康。然而冰就可以克服上述弊病，海水从来不结冰。在无边沙漠夺路而走，却将他引导到了一处处重要古城遗址：丹丹乌里克、喀拉墩、玛扎塔格戍堡……直到发现楼兰古城。

👁 揭开"死亡之海"的面纱

为了在塔克拉玛干沙漠中寻找石油，1830 沙漠队勇敢地挺进了塔克拉玛干大沙漠。8 年里，他们在那里经历了生生死死，经受了许多想象得到的和难以想象的磨难，他们要向这"死亡之海"挑战，揭开它的面纱。

1982年，中国石油部地球物理勘探局和美国地球物理服务公司，在北京签订了"中国西部塔里木盆地地球物理勘探服务"合同。次年5月，3个装备精良的队伍开进了塔里木，闯入塔克拉玛干大沙漠，开始了史无前例的地球物理勘探活动。这是人类历史上的壮举。

蒿忠信，1830沙漠队的队长，人称"酋长"。他从进入塔克拉玛干沙漠的第一天起，就把自己献给了这片"死亡之海"。

塔克拉玛干沙漠是风的世界，风塑造了这里的沙质地面形态，风像恶魔一样蹂躏着沙漠。

剽悍的沙漠"酋长"蒿忠信最恼的是风，最怕的也是风。曾经有几回，他在沙海里颠腾，硬是把迷途的伙伴从死亡线上拉回来。

知识小链接

酋 长

酋长是一个部落的首领。酋长制度在撒哈拉沙漠以南的非洲广大地区比较普遍，尤其盛行在广大偏远、落后的地区。据考察，酋长制度最初是从原始的氏族制度发展演变而来的。非洲在从奴隶社会向封建社会逐渐过渡时，大大小小的酋长土邦和酋长制度便慢慢在氏族制度的基础上形成了。无论是过去和今天，酋长制度在非洲的政治生活和社会生活中都有着举足轻重的作用。

一天，水罐车司机王玉坤到百里之外的塔里木河拉水，一场黑风沙暴袭来，把运输线路切断了，王玉坤被困在了半路上，直到夜半三更还不见回来。

"王玉坤该不会出事吧？他被困在了什么地方呢？"蒿忠信坐卧不安，弟兄们也一个个愁眉苦脸的。

这时，风越刮越大，连营房车都给刮得摇摇晃晃，像个醉鬼似的。

第二天早晨，黑风沙暴还是一个劲地刮着。天到该亮的时候却还是黑的，伸手不见五指，整个天地混沌一片。曾经在好几个大沙漠上滚了半辈子的美方代理人瓦尔先生，见此情景也沉不住气了。他脸色变得煞白，神色紧张，一手抓起报话机向库尔勒基地发出紧急呼救："基地，基地，我是一队，我们这里出现黑风沙暴，处境十分危险。黑风再刮下去，后果不堪设想……"

还未等瓦尔先生把话说完，电台的信号就中断了。

"喂，基地！喂！喂，基地！"

话筒里毫无回音。瓦尔盯着手中的话筒，半晌说不出话来。营房里的气氛一下子紧张了起来。在这种时候和基地失去联系，意味着他们自己也无法得到救援。

蒿忠信两手叉在腰上，站在窗前朝外看着。其实，他什么也看不到。他仍然在想被困在沙漠中下落不明、生死未卜的王玉坤。

外面依旧狂风怒吼，依旧天昏地暗。蒿忠信那鼓鼓的胸膛里好像装着一团火，随时都会喷发出来。他无可奈何地攥紧拳头，浑身发抖。营房里所有的人都不敢说话。

终于，黑风沙暴有了一点点减弱。蒿忠信迫不及待地冲了出去，和司机一道，驾着车去找王玉坤。

"等等，我下车去给你引路。"蒿忠信对司机说。

"你不活啦！"司机大声喊，"这外头是人去的吗？"

"你开你的车吧！不然我们也没法前进。"蒿忠信说完，打开车门，钻了出去。

就这样，一个在车外指挥，一个小心翼翼地开着车，他们一边找路，一边找着王玉坤。

"快看，那边有个家伙，准是。"

顺着蒿忠信手指的方向，司机也看到了伏在沙丘上的家伙。凭着职业敏感，他知道他们找到了王玉坤。

车子越驶越近。看清楚了，那是王玉坤的水罐车。蒿忠信不等车子停稳就跳下车，在沙漠里深一步浅一步地跑着。

蒿忠信打开王玉坤的车门，一下子扑了过去，紧紧地抱住了王玉坤的双肩。他望着王玉坤疲惫不堪的样子和那扑满沙尘的面孔，哽咽着半天说不出一句话来。

靠吃馊馒头维持生命，在车子里困守了两天两夜没有叫过苦的硬汉子王玉坤，此刻看到队长在黑风沙暴中突然出现在自己面前，感动得双眼含满了泪水。

世界上没有比这生死与共的友爱感情更珍贵了。正是这种血肉相亲的友爱感情，把1830沙漠队的100多条汉子联结成了一个整体，正是这种血肉相亲的友爱感情，支撑着他们不仅在"死亡之海"中生存下来，而且任何艰难险阻，都不能使他们屈服。塔克拉玛干沙漠的艰苦生活把人们的感情净化了，心和心贴在了一起。你的困苦就是我的困苦，你的欢乐就是我的欢乐。

1830沙漠队在沙漠里的工作是极其艰苦的。不错，他们有精良的设备，但他们已不再像初期的探险家们只是在沙漠中走个来回，记载下那里的风土人情，沟通与当地土著的关系，成功者便在版图上标上一条通越沙漠的路线。当代的沙漠探险更多的是从科学的方面、经济开发的价值进

你知道吗

气　候

气候是长时间内气象要素和天气现象的平均状况，时间尺度为月、季、年、数年到数百年以上。气候以冷、暖、干、湿这些特征来衡量，通常由某一时期的平均值和离差值表示。

行考虑的。几年来，1830沙漠队在塔克拉玛干扎下了"根"，他们的足迹踏遍了这片浩瀚的沙漠，搞测线、推路、钻井，还搞地震放炮。为了事业，他们牺牲了家庭，牺牲了自己。在他们的眼中，还有什么比为祖国寻找资源更重要呢？

塔克拉玛干的恶劣气候，在世界上大概也是首屈一指的了。美国人麦克曾去过沙特阿拉伯沙漠、突尼斯沙漠、利比亚和撒哈拉大沙漠，他认为塔克拉玛干沙漠最艰苦最可怕。

夏天，沙漠里气温高达73℃，热得像个大蒸笼，太阳烤得人火烧火燎，烤得沙地滚烫滚烫，让人无法下脚。冬天，气温则降到－30℃，还下起鹅毛大雪，整个沙漠一片银装素裹。在这冰天雪地里，队员们被冻得手脚开裂流血，无法行动。谁领教过全年100℃的温差呢？

最怕的要算断水。塔克拉玛干的气候异常干燥，空气里几乎没有一点水分，热风吹得大家嘴唇干裂，每人每天即使喝 10 千克的水，也无法解决难忍的干渴。

传统的说法是在这"死亡之海"里不会有水，水和这样极端干旱的沙漠是绝缘的。蒿忠信偏不信，他带着弟兄们闯入了沙漠的腹地。

"嘿，队长，这沙漠无边无际，再这么走下去还活不活呀？"冯志文问道。

"怎么啦？才来几天呀，你就不活了？"

"听说国外的沙漠，百把千米内总有个水塘或绿洲什么的，可咱这，光秃秃的什么都没有。"冯志文说道。

"阿文，你懂不懂咱这叫处女地。"蒿忠信借题发挥，"这处女地嘛，就是说还没有人来过，咱们呀，是第一拨，谁给咱开水塘？咱们要不挖个水塘，这永远都没水。"

蓦然，蒿忠信发现了几棵红柳，这玩意儿在这儿是怎么活下来的？再有能耐，也得有水呀。蒿忠信来了劲，指着那几棵红柳，对队员们喊道："你们都过来，就从这里往下挖，我就不信挖不出个名堂来！"

冯志文几人不信，他们见蒿忠信认真了，咂了下舌头，说："队长，这儿挖不出什么名堂的，你就饶了我们吧。"

"怎么？不信？今儿个就要你们挖。"蒿忠信发狠道。

冯志文无可奈何地驾着拖拉机试着往下推，好不容易推出了一个 4 米多深、20 多米长的大坑，仍然不见水。

"我说吧，队长，你这可是犯了主观主义了。"冯志文说道。

蒿忠信有些垂头丧气，口气却很硬："这儿应该有水才对，不然这树是怎么长的？"

大家你一言我一语地争了半天，也没有个结果，只好作罢。

第二天早晨，天刚蒙蒙亮，蒿忠信就起来了，他还惦记着昨天的那个大坑，便跑去看看。这一看，把他给看呆了——大水坑里竟渗出了两米多深的清水。

"哎，大家快来看，出水啦！出水啦！"蒿忠信欣喜万分，他简直不敢相信自己的眼睛。

"哇，这水好苦好涩啊!"冯志文尝了一口大叫起来。

"苦，再苦也是水呀!"蒿忠信仍然为在沙漠中找到了水而高兴。

虽然，这水是苦水，又咸又涩，但终究证明了"死亡之海"底下是有水的。有水，就可以净化;有水，就能在沙漠中生存下去;有水，以后开发大油田就不用犯愁了。

基本小知识

油 田

油田是单一地质构造（或地层）因素控制下的、同一产油气面积内的油气藏总和。一个油气田可能有一个或多个油气藏。在同一面积内主要为油藏的称油田，主要为气藏的称气田。

蒿忠信和他的队员们乐得直跳。这天是 1983 年 7 月 1 日。这是 1830 沙漠队挑战塔克拉玛干所赢得的前所未有的胜利。自此以后，1830 沙漠队每挪动一个营地，便推出一个大水坑。随着一条条横穿大漠的地震测线，也留下了一个个叫人心花怒放的水坑。这办法后来在各队中都推广开来了。

蒿忠信和他的队员们在与沙漠的较量中，吃尽了无数的苦头，也接受了死神的挑战，但是他们所得到的快乐，也是外人难以体会到的。他们完成了一条又一条测线和一个又一个剖面的测定，从一个营地转换到另一个营地。这意味着他们在和"死亡之海"的决斗中，一步又一步地向前迈进。当他们回头望着自己在塔克拉玛干沙漠留下的一个个脚印的时候，内心充满了无限的喜悦，这是把死亡踩在脚下的征服者的脚印啊!

他们在"死亡之海"中的探索于 1988 年 5 月 5 日得到了回报。那天，塔中一井正式开钻。1988 年 10 月 19 日的 19 点 30 分，落日斜照在连绵起伏的沙丘上，为塔中一井井架涂上了一层金色，井场旁的沙山上，有 100 多人正满怀希望地等待着。油井排出白色的水，过了大约 40 分钟，水渐渐地变黄，且喷势越来越大，散发着油香。

20 点 30 分，油田出油了。人们狂呼着，跳跃着，欢呼声和喷油声交织在一起，那喷涌着的油气流中分明跳跃着热烈的希望。整个油田沸腾了，塔克拉玛干苏醒了。

▶ 刘雨田勇闯大沙漠

1988 年 1 月 27 日，刘雨田，一个普通的中国公民，只身一人徒步穿越了塔克拉玛干大沙漠。他完成的从于田到沙雅的最宽度线路的探险旅行，成为旷古绝今的壮举。

偌大的中国版图上只有塔克拉玛干是一片空白，在西部边疆开了个大大的天窗，用密密麻麻的小点点，标示这里是片不毛之地。这片大沙漠沉睡得太久了，千百年来，一直是个谜。斯文·赫定虽然两次进入塔克拉玛干，但他都没有真正进入到沙漠的腹地，他在《亚洲腹地探险记》中写道："这不是生物所能插足的地方，而是死亡的大海，可怕的死亡大海！"塔克拉玛干"死亡之海"的称呼就是这样来的。

刘雨田

1987 年 4 月 10 日，一个特殊的日子。刘雨田身穿一套白色的旅行服，肩披一块缀满金线的绛红色锦缎，头上还缠着白布，俨然一副沙漠王子的模样。他站在荒原上，久久地注视着远方波涛起伏的沙海，思绪万千。

于田，雨田，这是一种巧合吗？刘雨田似乎感到一种不可言传的暗示。

他蹲下身来，用白纸做了 9 只酒杯，斟满了酒。

"神秘的大漠之王，我将投入你的怀抱。请原谅，我惊扰了你的宁静。"

刘雨田说罢，拿起洁白的酒杯，把那醇香的酒洒入大漠，完成他的祭奠仪式。

刘雨田的大漠之行是艰难的。他没有骆驼，没有各种仪器，没有伙伴，就这么一个人，带着140千克重的行李出发了。他不能背起所有的东西，于是一趟一趟来回地走着，往返两次拖他的行李，也就是说，人家走一个单程，刘雨田得走好几个来回。他实在走得太累、太辛苦了。

塔克拉玛干这苍凉无边的洪荒大漠，在边缘地带间或有星星点点的胡杨树和散散落落的红柳树，给这波涛起伏的沙海带来一些生机。但越往里走，就越显出一派死亡的寂静，连枯死发黑的胡杨树也没有了。这里只有沙漠，黄色闪亮的沙漠，波澜壮阔的沙漠，漫无边际的沙漠。

塔克拉玛干气候是恶劣。在这单色调的大沙漠里，既看不到人，也望不见鸟儿，仿佛从来没有过生物，只有死亡之光在四处闪烁，满眼都是高大回旋的沙岭，奇形怪状的沙丘，连绵不绝。夜晚，皓月当空，广袤的沙漠洒着皎洁的银光。但没有鸟儿的啁鸣，也没有树叶在晚风吹拂下的沙沙摇动声。刘雨田双手抱膝，仰望着天上的星星，想到了自己的孩子。

这一夜，刘雨田睡得好香好香。一觉醒来，刘雨田发现一棵胡杨树着了火。他像触了电似的跳了起来，挥舞着衣服拼命地扑打着，不顾一切地把水壶里的水淋洒在树身上。在这没有水源、荒无人迹的"死亡之海"中，一滴水就意味着一次生命，但刘雨田却把死亡留给了自己，也不愿意看到另一个生命受到伤害。

火终于熄灭了。刘雨田"扑"地一下跪在了胡杨树前，涕泪俱下，他死命地捶打着黄色的沙地，哽咽地说："我是多么希望你能够蓬勃地撑起一个硕大无比的树冠呀，骄傲地招展在大漠的天空之下，让这黄沙成为绿洲。可是，现在你却遍体鳞伤……"

当大漠重归宁静的时候，那灿烂的朝阳，那有着不可抑制的强悍意志的万物之主，正缓缓地升起，给整个沙漠抹上了一层淡淡的橘红。刘雨田又开始了他的挑战。

当刘雨田向塔克拉玛干沙漠挑战的时候，死神也开始向他挑战。他所携带的水已经用去大半，身上现出一条条丹毒流窜的红线，他知道走下去无异于一步步走向死亡。以刘雨田的个性而言，他完全可能以死相试，用自己的躯体表明自己的意志。但现在他却不能，他答应过几家出版社，为他们写长城行，写塔克拉玛干记行。他还肩负着那些关心他的人们的厚望，他不能死。

基本小知识

丹　毒

丹毒是皮肤及其网状淋巴管的急性炎症。多发于下肢和面部。其临床表现为起病急，局部出现界限清楚之片状红疹，颜色鲜红，并稍隆起，压之褪色。皮肤表面紧张炽热，迅速向四周蔓延，有烧灼样痛。伴高热畏寒及头痛等。

连日来，刘雨田明显地感到体力越来越不支了，更糟糕的是他迷失了方向，不知道自己的确切位置。

我是谁？我在哪里？我在干什么？刘雨田不能回答。所有的一切对于他来说，已经失去了意义。他知道自己的体力就要耗尽，于是决定放弃行囊。

那里头有记载着他向塔克拉玛干挑战的日记，有拍摄的沙漠景象的胶卷。他只带上那半壶的水，这就是他生命的全部。

很快地，他连水也喝完了。为了生存，刘雨田甚至接了自己的尿，只是刚端到嘴边，他又泼掉了。他感到好困惑，自己怎么会落到这般田地？这一切究竟是为什么？我还是人吗？刘雨田想

克里雅河

到这里潸然泪下，他为自己而哭泣。良久，他终于慢慢地蹲下身子，再慢慢地拾起那只口杯，接了自己的尿，喝了下去。

他完全失去了羞耻心。从此，他见什么吃什么。胡杨叶他捋下来吃，树

皮也扒下来吮吸一下想象中的水分，甚至连树底下、灌木丛中的苍蝇、蜘蛛、蜥蜴和一些不知名的小虫子，也成了他不可多得的美味佳肴。

再后来，刘雨田跌入了一种半昏迷状态。他的行进常常处于无意识之中，不得已，他只能躺下休息一下。休息之后，他的脑子稍稍地有些清醒，这时他的心境是质朴而纯真的。他想起了慈祥的母亲和那香喷喷的玉米粥……

刘雨田已经走不动了。他只能艰难地往前爬，爬不动了，休息一下再爬。不知道是第几天了，突然，他嗅到了一种湿气的腥味儿，便拼了命地往前，奇迹终于出现了：克里雅河仿佛是从天空中延伸下来的，闪烁着亮光，挟着一股凉气蜿蜒飘来。

刘雨田看到了生命之泉，挣扎着站起来往前跑，跌倒了再爬起来，踉跄着再跑……

拓展阅读

刘雨田的探险成果

在刘雨田十多年来的探险生涯中，他拍摄了近万张照片，写下了230万字的考察日记，沿途搜集资料600多万字。这些照片和日记资料十分丰富，具有很高的历史、地理、经济、政治、文化、考古的学术价值。

他得救了。这次探险是他一生中最难忘的经历。

◆ 穿越"死亡之海"

19世纪末和20世纪初，瑞典著名的探险家斯文·赫定曾雄心勃勃地试图从西向东进行徒步穿越，但没有成功。后来，他在自己的著作中，就把塔克拉玛干沙漠称为"死亡之海"。

1993年9月下旬，中国探险史上忽然闪出一道奇光。经过有关部门4年多的筹划准备，由中英组成的联合探险队，终于向这个"死亡之海"挑战了。而且他们不畏艰险，成功穿越了"死亡之海"。

9月24日，他们从沙漠西部南端的麦盖提县城正式出发，向着东方，向着沙漠的纵深开进。

这一消息，震撼了世界。中国的新华社、中央电视台以及英国有关新闻单位，都先后派记者，通过种种方式进入沙漠，进入现场采访拍摄，及时向国内外报道探险实况。

沙　山

前几天，他们翻越的还都是 50米以下的沙丘，越往前沙丘越高，有的竟高达 100 多米到 200 米，被称为沙山。这些大大小小的沙丘和沙山，从空中往下看，十分壮观，一般都是新月形的，纵横走向的大都比较整齐。但随着风向、风力和地形的变化，有时也不规则。那干涸的河床，往往是貌似忠厚，却暗藏杀机。有的地段表层干硬，底下松软；有的地段下面还有水。这些不仅使人畜、车辆和行走变得异常艰难，弄不好还会陷车、迷失方向，或者被流沙吞没。当探险第二阶段刚刚开始的时候，中央电视台的 3 名记者搭乘支援队的车，于 10 月 7 日进入沙漠拍摄探险情况。由于连绵不断的沙丘阻隔，车开起来十分吃力，差不多每过 10 分钟，发动机就要开锅一次，加上多次陷车，只得走走停停。一不留神，中途竟迷失了方向。直到 9 日，记者们才被过路的石油物探局的车搭救，并把他们送到探险队的第一接应营地——麻扎塔格山东麓。

知识小链接

河　床

　　谷底部分河水经常流动的地方称为河床。河床由于受侧向侵蚀作用而弯曲，经常改变河道位置，所以河床底部冲积物复杂多变，一般来说山区河流河床底部大多为坚硬岩石或大颗粒岩石、卵石以及由于侧面侵蚀带来的大量的细小颗粒。平原区河流的河床一般是由河流自身堆积的细颗粒物质组成。

塔克拉玛干沙漠的气候，就像疯子的脸，变幻多端，喜怒无常，令人讨厌而又害怕。探险队刚进沙漠时，还是夏天的气候，但早晚温差很大。白天像火球一样的太阳，把地面的沙子烤得滚烫。人走在上面就像踏进了烧干的锅，全身都感到烘烤，沙子灌进鞋里，脚都感觉出烫来。一到夜晚，太阳落下地平线，气温就急剧下降，一般都在零下几摄氏度，队员们钻进睡袋里还冻得瑟瑟发抖，半夜里常常被冻醒。

麻扎塔格山

就在他们进入沙漠 400 千米，快到第一个接应营地时，美国摄影师萨特和英方队员葛利亨，因中暑虚脱终于被拖垮了，以致到了第二阶段，不得不遗憾地挥泪向同伴们告别。

在炎热的沙漠里长途跋涉，人畜的体力消耗很大，水就成了大问题。然而没过几天，水井竟神奇般地不出水了。他们计算了一下，9 天当中挖了 8 眼井，只有 1 天打出了水。

被誉为"沙漠之舟"的骆驼，面对"死亡之海"的干涸，也居然失去了耐性，竟乱跑起来，还踢伤了人。到了 11 月初，有的骆驼终于因缺水和过度劳累而死亡。

在探险进入后一阶段时，有一天他们忽然遇上了沙暴。狂风卷着黄沙，遮天蔽日，犹如 8 级大风之猛。单个人是绝对无法行走的。飞沙不只是硬邦邦地打在脸上，而是从头到脚往下灌，幸亏他们还有经验，在沙暴没到之前，人马就簇拥到一起，顶着猛烈的风沙，慢慢前进。这次沙暴他们虽然没遭受什么损失，但原计划到达终点的日期，不得不往后推迟。

基本小知识

沙 暴

沙暴，风挟带大量尘沙、干土而使空气混浊、天色昏黄的现象。它常见于我国北方的春季。

这次探险以最终的胜利而结束。一群不怕死的英雄好汉，以实际行动向世界宣布，他们终于征服了塔克拉玛干沙漠。应该说，这是人类的一个壮举，一个辉煌的胜利，它无疑是塔克拉玛干沙漠探险史上的一个里程碑。另外，这次探险还有其他不少的发现。探险队员、地质工程师赵子允，在一次小会上就不无自豪地介绍了他们意外的收获，这就是：发现了1只5趾跳鼠，这是迄今为止在我国境内发现的第3只，在世界上也属罕见；发现了1个储量大的石膏矿床；发现了裸露在地表的玛瑙滩和1座汉

跳　鼠

代古戍堡；还发现了大片的原始胡杨林等。所有这些，为今后进一步勘探开发塔克拉玛干沙漠打下了基础。

追寻彭加木的足迹

1900 年，瑞典探险家斯文·赫定，在塔克拉玛干沙漠的孔雀河下游的罗布泊荒原探险时，他的向导于德克返回营地，去取不慎遗漏的铁铲。于德克不光取回了铁铲，还捡回来几件木雕残片。斯文·赫定见到这些东西激动万分，很快组织队伍对当地进行挖掘。他们挖出了佛塔、殿堂、木雕建筑、钱币等大量文物，又陆续挖出了很多烽火台——一个沙漠古城的轮廓慢慢呈现，这就是在中国史书中记载的"绿洲小城"楼兰。它曾繁华一时，却在 4 世纪时突然消失。楼兰古城的发现，轰动了整个世界，它被称为"东方的庞贝城"。

这个故事被斯文·赫定记载在《亚洲腹地探险八年》回忆录中，半个多

世纪之后，一个中国南方的青年读到了这本书。

这个中国南方的青年就是夏训诚，他被书中描述的塔克拉玛干沙漠和神秘的罗布泊、楼兰古城深深地吸引了。高中毕业后，他报考了南京大学地理系，主修自然地理专业，专门研究沙漠问题。

夏训诚出生于20世纪30年代，是江苏人，说起话来，还带着酥软的南方口音。1957年毕业后，他调任中国科学院新疆生物土壤沙漠研究所工作至今。半个多世纪以来，他的一切工作和生活，都围绕着新疆的沙漠。

至于斯文·赫定描写的罗布泊和楼兰古城，在这位沙漠科学家参加工作的最初20多年，一直是魂牵梦萦的地方。

"我们做新疆的土地、草场分布，其他地方都有了，就是这儿10万平方千米还老是空着，我们科研人员想打报告进去都不行。"夏训诚回忆。20世纪50～60年代，那里是世界上最封闭、神秘的地方，中国在罗布泊地区进行了多次核试验，并于1964年成功引爆第一枚原子弹。与此同时，这10万平方千米严密禁闭的军事禁区，成为沙漠科研人员好奇万分的梦幻之地。

夏训诚

2000多年前，张骞出使西域，惊讶地发现，沙漠中骤然出现了一个碧波荡漾的湖泊，和旁边人来人往、繁华的小城楼兰相互呼应。

这个湖泊便是我们现在熟知的罗布泊。曾经，瑞典人斯文·赫定站在罗布泊旁，也被眼前的景色惊呆了："罗布泊像座仙湖，水面像镜子一样……"他在《亚洲腹地探险八年》中写道。

斯文·赫定之后，又过了80多年，夏训诚也来到了日思夜想的向往之地罗布泊，而此时的罗布泊，说是湖，其实是沙漠。满目荒凉，飞沙走石，不见一滴水珠，曾经的绿洲变成了一圈圈盐壳，此外茫茫荒漠，罕有生物。

20世纪70年代末，罗布泊进入半开放状态。1979年，中日合作的电视片《丝绸之路》开拍，夏训诚借此机会沿着罗布泊外缘走了一遭。同时，他与同事彭加木摩拳擦掌，准备真正进入罗布泊，他们都太渴望见到斯文·赫定曾经泛舟而行的地方。

彭加木

彭加木是上海人，同样热爱新疆，大学毕业后他留在上海工作。20世纪50～60年代，他战胜癌症，坚持进行科研，被称为当时科技界的标兵。20世纪70年代，彭加木主动提出支援边疆科研，第一次奔赴大西北，与夏训诚一起组织了新中国第一支罗布泊科考队伍。彭加木任队长，夏训诚任副队长。

彭、夏二人分别肩负着不同的任务。曾经的罗布泊，是塔里木河在下游形成的湖泊，专事研究土壤的彭加木曾经在塔里木河中上游发现大量的钾盐，以此推论，罗布泊肯定含有丰富的钾盐。彭加木是学农学的，知道我国是缺钾的国家，每年需要大量进口。彭加木的首要任务，就是要把那儿的资源搞清楚。而主攻环境研究的夏训诚，则主要想对当地的环境生态有所了解，比

你知道吗

罗布泊

罗布泊，中国新疆维吾尔自治区东南部湖泊。在塔里木盆地东部，位于塔里木盆地的最低处。蒙古语罗布泊即（多水汇入之湖）。古代称泑泽、盐泽、蒲昌海等。公元330年以前湖水较多，西北侧的楼兰城为著名的"丝绸之路"咽喉。为中国第二大咸水湖。现仅为大片盐壳。

如，到底发生了什么，让罗布泊从波浪荡漾的湖泊，变成全中国最干旱的地方？是在什么时候变化的？现在的这10万平方千米地貌，到底是怎样的形状？最后一个问题，夏训诚很快就知道了答案。

1980年，彭加木率领11人科考队首次开赴罗布泊，准备第一步摸清路线，第二年采样，第三年总结。夏训诚则同期在美国考察，在美国时，他在一位美国遥感专家的会客厅中，见到了一张美国在"冷战"期间拍摄的罗布泊遥感卫星照片，那是他第一次看到罗布泊的地理全貌。罗布泊是一个很明显的大耳朵的形状，样子很令人惊讶！美国教授问他们那一圈圈的是什么，耳垂是什么，耳心是什么，他们都回答不上来，所以非常沮丧。

更令人震惊的是，出差回来，在途中，夏训诚听到了新华社的广播：著名科学家彭加木在罗布泊考察时失踪。

作为救援队队长的夏训诚，压力巨大。100多个人，在荒漠中寻找彭加木，本身就很危险，为了保证救援者本身的安全，他们采取了10人一组，每人之间相距10米，拉网式向前走的方式。同时，夏训诚带着彭加木的儿子，两人整天形影不离。

救援队伍行进的前10千米范围内，彭加木的脚印都清晰可见。彭加木穿着队里发的42码的翻毛皮鞋，能看到他在沙地上向东走。救援队伍走到5000米处，甚至发现了他坐下休息的痕迹。草丛里有他坐的印子，另外，还挂着他吃过的

趣味点击　椰子糖

椰子糖，以椰子为主要原料，采用科学的工艺精心加工而成。保留了椰子的原香原味及营养成分。口感香滑、椰香浓郁、风味独特。

椰子糖。他是上海人，喜欢吃糖，出发前几天农场里有人见过他买这种糖。

可是，再往前走5000米，脚印消失了。原来，前面是一片死硬的盐碱地，留不下一个脚印。彭加木当时穿着土色的衣服，直升机也找不到他。在彭加木事件之后，全国科考人员都会穿戴红色的衣服和帽子，就是吸取了这个教训。

之后的几十年中，研究人员分析了很多彭加木失踪的原因。当时科考队伍曾在帐篷往南 100 米处埋了一头小野鹿。别看是小野鹿，个头比人还要大，但是，等到一个月后队伍在找彭加木时，小野鹿的尸体已经被风沙全埋掉了。更何况，彭加木失踪的第二天下午 4 点钟，曾经刮了一场大风，因此，他被风沙淹埋的可能性很大。

另一种可能是陷入雅丹地貌之中。雅丹地貌是罗布泊特有的地貌，维吾尔语中是"险峻的土丘"之意。它是由河湖泥土沉积物经风化、流水冲刷和风蚀形成的地貌。这种看似小山丘的地貌其实很酥松，随时会往下陷。夏训诚要求救援队员们遇到雅丹包，要转一圈，看看附近有没有埋着什么。果然，队员们发现了 13 具野骆驼的尸体。他们猜测，野骆驼年老的时候，会选择背光，背风沙的安静的地方老死而去。很有可能彭加木在迷路之后，也选择了在雅丹包周围背风的地方休息，结果昏迷遇难，被倒塌的雅丹包埋住。

人们一直都没有找到彭加木的遗体，这成为罗布泊科考史上的一个谜。不过，在之后的 30 年时光中，不断有人声称发现彭加木的遗体，每一次都引起大众的关注，但没有一次有确凿的证据证明遗体是彭加木。彭加木成为苍凉荒漠中的一个悲壮英雄形象，在他之后，有很多探险者试图闯荡罗布泊。探险家余纯顺也

罗布泊湖心

在罗布泊遇难，死亡让罗布泊愈发显得神秘莫测。

罗布泊开放后的 30 多年中，尽管还存在很多的谜，但夏训诚在美国专家面前曾遭遇窘迫、回答不出来的问题，此后都一一得以解决。比如，我们已经知道了罗布泊曾经是盐水湖，在逐渐干涸的过程中，湖水高度浓缩，形成了一圈圈的盐壳地。我们知道了"大耳朵"中的各个部位，如"耳环"是在湖水退缩的过程中留下来的痕迹，"耳孔"是中央的一个半岛形成，"耳垂"

是喀拉湖水的一条河流，流进罗布泊形成的4个三角洲。

彭加木本想寻求的问题也找到了答案。我们现在知道了罗布泊一年能生产120万吨钾盐。彭加木关于钾盐的遗愿也弄清楚了。

罗布泊的神秘面纱也被揭开了。罗布泊曾经是个美丽的湖泊，后来迅速干涸，成为中国最干旱的地区。它在历史上先后有7次湖泊变涸地的反复。1921年和1952年，曾经有过两次大

拓展阅读

三角洲

三角洲，即河口冲积平原，是一种常见的地表形貌。江河奔流中所裹挟的泥沙等杂质，在入海口处遇到含盐量较淡水高得多的海水，凝聚淤积，逐渐成为河口岸边新的湿地，继而形成三角洲平原。

规模的建坝行为，而最后一次大变，则导致罗布泊水源的彻底消失。此前，人们通常认为，罗布泊最后一次变干是1972年的事情，也有人认为是20世纪50年代变干的，而夏训诚在多年的率队考察之后，得出了结论，确凿的时间是1962年。

1959年，塔里木河中上游进行了大规模的开垦，建了大规模的国有农场，水就下不来了。结果不出3年，罗布泊就全干了。罗布泊是个"浅盆子"，最深的地方也只有3米多，如果不来水，两三年就会蒸发干。新疆的情况就是，水流到哪儿，哪儿就是绿洲，水离开后，哪儿就是荒漠，新疆有100多条河流，半个世纪以来，整体降水量几乎没有变化，水少地广的情况下，出现绿洲也是很宝贵的。水带来文明，人是跟着水走的。

除了考古价值、生态价值之外，罗布泊属于特殊的盐碱地，有着丰富的地理资源。中科院院士刘东升曾经说过，罗布泊像一个第四纪的实验室，能从中看到很多东西。你可以在这儿看到很多地质地貌现象，湖泊的形成、大小的变化、沙丘的变化等。

有一次，车行驶到半路，夏训诚突然喊停。大家正在纳闷之时，夏训诚来到了路边一个形状奇特的沙包面前。沙包的一个坡面垮塌了下来，里面的

地质结构清清楚楚。一层沙子一层枯枝落叶，他数了下，一共有 623 层。这个意外发现，即后来被称为"红柳沙包"的地貌现象，给夏训诚提供了很多启发。春天沙子来了就沉积了一层沙子，到了冬天，枯枝落叶来了盖在上面又一层，这样一年过一年，每一层就代表了一年，623 层就意味着 623 年，像树的年轮一样显示了这个地貌的年龄。后来用 C^{14} 的方法测了一下，年代完全一致。更有意思的是，通过看沙层和枯枝落叶层的厚度，还可以分别判断当年风沙和降雨的量。这个意外的发现给夏训诚带来了额外的研究成果。

夏训诚追寻彭加木的足迹，揭开了罗布泊的神秘面纱，为我国的经济建设、生态保护，乃至考古研究都做出了很大的贡献。

◆ 探访奥尔德克古墓群

发动机经过一阵艰难的挣扎之后，终于熄火了。车门"哐当"一声被打开，司机安尼瓦尔站在没踝深的沙土中，一脸的无可奈何。看来，汽车是注定不可能再往前开了，37 名队员跳下车，将沉重的背包码在沙丘边，立即举行开营仪式。而司机将在这里等候四天，直至我们走出沙漠。

这是 2002 年 2 月 13 日下午 6 点，农历大年初二。夕阳惨淡地悬挂在塔里木河西岸厚重的浮尘中，俯视着尘封的大地。荒丘野岗中，领队正在向一群满身尘垢的探险队员宣布探险纪律。

塔里木河

半小时以后，大家鱼贯越过塔里木河那条结了冰的支流，向沙漠纵深走去。从塔里木河下游河岸开始，他们一直无法避开那些蓬松滑腻的浮土。一脚踩下去，身旁就爆起一朵朵纷纷扬扬的尘花。不但鞋袜里、裤腿里没有了干爽，一路走下来，他们那些蓝色的、黄色的、大红的、迷彩的冲锋衣以及背包和太阳镜上，都蒙上了一层灰黄色的尘垢。

突然，前方队员用对讲机报告发现古墓。大家都快步冲上去，先到的队员们已经围拢在一块沙丘间隙地的周围，正在用几架照相机疯狂拍照。

这还不是小河5号墓地，只是一座带有典型伊斯兰风格的麻扎（坟墓）。土块镶边的围篱圈起一个孤独的墓丘，周围还有些支离破碎的棚架。从那些土质围篱的残蚀程度看，墓园存在的年代不会超过一个世纪。民居周围的地貌属于被沙丘包围的干涸苇沼地，还有几棵已经枯死多年的半截胡杨竖在那里，昭示着一种遥远的曾经有过的繁荣。据史料记载，大半个世纪之前，这里有着纵横交错的水网沼地，也曾有过"道旁排桑榆，隙地种瓜豆"的静谧生活。然而，水退沙进的演变过程将罗布泊人的丰饶之乡逐渐变成死地冥界，迫使他们不得不告别先辈的遗骨，挥泪舍弃他们世代赖以生存的家园。当人类还来不及弄清罗布泊文明的渊源时，她已经匆匆地从人类身旁走开了。在这满目苍凉的荒原中，只留下这些被野风吹蚀、被太阳晒败的墓园。

第一天的徒步路程很短，3个小时后，临近黄昏时分，探险队员们就决定安营扎寨。C1营地建在一块沙丘环抱的低地上，GPS定位：东经88°19′，北纬40°18′。

新疆的特色主食——馕

未等最后一抹晚霞湮没在西侧地平线上，三堆篝火就熊熊燃起。就着炽热的火焰，大家宽衣解带，烘烤着吸饱了汗水的衣衫。身背24瓶600毫升瓶装矿泉水，加上5天的干粮，还有帐篷、睡袋、防潮垫、照相机、望远镜、定位仪、对讲机、药品、刀具、灶具、瓦斯罐、行军杖……算下来，每个人平均负重

28 千克，最多的是负重 32 千克。在这第一轮行军中，就有两个背包断了肩部背带，弄得它们的主人扛也不是，抱也不是，就那么一溜儿歪斜地坚持了 6 千米路。干馕是他们唯一的主食。此时，一线弯月下，37 名队员正在按照严格的限量吝啬地嘬着属于自己的那份饮水，就着榨菜嚼干馕，胃口好得像是刚刚捕到猎物的非洲狮。

　　第二天清晨，当太阳刚刚从地平线上冒出，他们就拔营出发了。荒漠上单调的景象让人失去了方位感，除了前锋队员手持 GPS，将方位角谨慎地矫正在预定方向上，其余队员都在埋头踏着前方队员的脚印赶路。如果有人企图驻足几分钟拍摄大漠风光，或者仅仅是为了调匀一下呼吸，事后便需要以狂奔来赶上行进中的小队，否则，就会被丢在沙丘中落寞地独行。当时的平均速度，每小时 4.5 千米。携带着超过体重 1/3 的装备，这种速度使整个行军过程带有一种昏天黑地的性质。

知识小链接

非洲狮

　　说起非洲猫科动物，人们一定会想到非洲狮。非洲狮是非洲最强大的猫科动物，在非洲狮领域内，其他猫科动物都处于劣势。非洲狮的数量在减少，但是它们目前并未被列为濒危或受威胁物种。

　　单调、荒凉与颓败是罗布泊荒原的主调。干涸多年的苇沼地里四散着螺壳，绵延的沙原上兀立着屈死的胡杨，低地上偶有几棵高大的红柳还在顽强地进行着生命的抗争。沉积多年的古河道上，偶有古钱币、耳钉和残陶裸露。这种单调、荒凉的景象勾勒出一个远古的梦，给人以过目难忘的厚重感。

　　忽然，一种显然不是来自大自然的低沉的震动声打断了流淌的思绪。我们像猎手般匍匐在沙丘后面仔细观察。起初，只闻其声而不见其物，不一会儿，在寂寥的地平线上，一个庞大的"甲壳虫"裹挟着一团浓密的尘土缓缓地拱上了沙脊，又缓缓地沉没在沙谷中。不久，傍着我们走过的足迹，一辆高大的沙漠车拖着一个庞大的储存罐停在沙丘旁，一个身着橘红信号衣的身影在向探险队员们招手。塔里木石油勘探公司 60141 钻井队的李师傅进入荒原以来，已经 5 个月不见外人，却在本次执行任务中，发现了荒原上新出现的一组凌乱不堪的脚印，便顺路跟踪看个究竟。钻井队员遇上了探险队员，一种陌路相逢的亲切感使他慷慨地捎走了我们全队 2/3 的背包，还带走了 11 名体弱的队员。顺着去路用望远镜搜寻，果然，一个笔直的井架矗立在偌大的沙海中，如影如幻。沙漠车只能将我们带到钻井队，之后的路途他们继续徒步。

沙丘链

队伍刚刚越过井架，高大的沙丘链便接踵而至。由于经年不歇的东北风和西北风的交替作用，沙丘堆积成刚刚能够维持自身平衡的新月形。脚一踩上去，整个坡面便缓缓塌陷下来，使人举步维艰。此时，初春午后的阳光正无遮无拦地照射着广漠的荒原，逼得大汗淋漓的行者们纷纷剥下羽绒服、毛衣裤，穿件贴身衬衣

穿行在逶迤曲折的沙垄间。女同胞们的付出也许更大，为了不使经年保养的皮肤毁于一旦，个个套上一顶防风护耳遮阳帽，靓颜秀发皆裹其中。

经过艰苦的跋涉，第三天，他们终于接近了小河 5 号墓地。当前方通报发现目标时，后方指挥也从望远镜中看到了那座似乎生满荆棘的小岗。行前充分的文档查阅工作，已经使行进路线上突出的地形地貌铭刻在后方指挥队长脑海里。所以，当从望远镜中观察到那个小岗时，队长毫不怀疑，那就是神秘的小河 5 号古墓群。即使从常识出发，它所拥有的文化价值和考古价值就无可低估。一个没有科学探险素质的人群接近它，很可能就意味着追寻美的人在不经意间毁坏美。因此，队长当即通过对讲机向前方队员下达了停止前进的命令。

木 雕

　　木雕是雕塑的一种，在我们国家常常被称为"民间工艺"。木雕可以分为立体圆雕、根雕、浮雕三大类。木雕是从木工中分离出来的一个工种，在我们国家的工种分类中为"精细木工"。

　　体力最强的两名队员迅速超越疾行的队伍，用奔跑速度沿古墓群周边划出一条半径50米的环形线。从此时开始，这条环形线就成为所有探险队员的止行线。

　　50米，这是一个必须的，但也是令人遗憾的距离。为了行军减重，只有少数队员携带着大变焦镜头，只有一名队员携带着望远镜。一时间，他成为队伍中的宠儿。镜头之下，能看到那座突兀的小岗上，密密麻麻地伫立着、倒伏着成百的木桩，横七竖八地堆积着变了形的舟形棺材和浆形木板。南侧沙坡中段，隐隐地显现出裸露的白

小河5号墓地

骨。一棵粗大的、显然为某种标志物的木桩稳稳地矗立在小岗顶部。如果不是这个严格的50米，完全有可能探询一下那排圆木组成的"风墙"下面隐藏的秘密，以及那张飘摇的，既像毛皮又像织物的物件究竟为何物。据贝格曼《新疆考古记》记载，这里有将近100根直立的木杆和75根倒伏的木杆，木杆分别有7~11个棱面，还有120具棺木和3个人形木雕……经历大半个世纪以后，它们的现状如何呢？但是，此时大家只能引颈相望，克制自己不越雷池一步。

　　30分钟后，意犹未尽的团队不舍，但却坚决地离开古墓群，走向新的旅途。

2月16日晚8时，全队终于汇合在塔里木河的冰面上，这里到停车点只有5千米的路程了。稍事休息后，队员们又整装出发。

此时，月亮已经挂上了胡杨树梢。河道两岸枯死的，或者仍然存活着的灌木羁绊着夜行人的腿脚，撕扯着夜行人的衣裤和背囊，仿佛在执着地挽留客人。黑暗中，手电和头灯的亮光闪闪烁烁，在夜的荒原上拉出一条移动的曲线。

晚9时半，当排头侦察队员的身影循着篝火的亮光突然出现在沙丘侧面时，吓得几位正在烤火的司机拔腿向公路方向奔去——从分别那天起，他们还从没见到过一个活人！荒漠徒步探险活动即将结束，原野的深处已经恢复了宁静。

摊开地图，他们走过的只不过是罗布泊荒原上不起眼的一程。无垠的大漠，以它恢宏的气度，考验着他们那点可怜的耐性。白日的燥热、夜晚的寒冷、行军的疲累、歇息的酸痛，还有饥渴、肮脏和那种无形的寂寥、那万物凋零所产生的虚空，无时不在引人反省：战胜这战胜那，最需要战胜的，其实是自己。置身自我之中，人自以为伟大，置身大自然中，人原来很渺小。罗布泊荒原的沧桑，蕴涵着无穷的灵性，给功利者以批判，给浮躁者以警醒。

寻找失落的楼兰古城

自从瑞典探险家斯文·赫定发现楼兰古城址以后，举世闻名的新疆重要古迹楼兰就像一个强大磁铁吸引着全世界的目光。楼兰古城位于罗布泊西北角，是汉唐时期西域交通的枢纽，在古代丝绸之路上占有极为重要的地位。中国的丝绸、茶叶，西域的马、葡萄、珠宝，最早都是通过楼兰进行交易的。许多商队经过这里时，都要在此暂时休息。当时楼兰城内商铺连片，佛寺香火缭绕，东来西往的各国使团客商、僧侣游客常年不断，多种语言文字在这里交流。楼兰王国从公元前176年以前建国，到公元4世纪前后消亡。

汉武帝时，张骞就带回了有关楼兰的信息。《史记·大宛列传》中记载："楼兰、姑师邑有城郭，临盐泽。"说明公元前2世纪楼兰已是个城郭之国了。张骞两次出使西域，开辟了东西方的通路，同时汉朝与当时强大的匈奴争夺控制西域的斗争也日趋激烈。公元前108年，汉朝大将王恢征服了楼兰。经过数次大规模的军事征战，汉王朝彻底控制了西域，同时也打通了东西方的贸易通道——丝绸之路。

丝绸之路的开通使东西方交通和丝绸贸易兴盛起来，同时也刺激了位于丝绸之路咽喉地位的楼兰古国的经济繁荣和发展。而楼兰古城就是楼兰王国的政治、经济、文化的中心。但4世纪时，楼兰突然从这个世界上消失了。盛极一时的楼兰文明不明原因地随着岁月而去了。

知识小链接

张骞

张骞（约公元前164—前114），汉族，字子文，汉中郡城固（今陕西省城固县）人，中国汉代卓越的探险家、旅行家与外交家，对丝绸之路的开拓有着重大的贡献。开拓汉朝通往西域的南北道路，并从西域诸国引进了汗血马、葡萄、苜蓿、石榴、胡桃、胡麻等。

不同学科的研究者从各自的观点来解释这个未解之谜：有人认为是由于罗布泊的枯竭，自然环境的变化，河流改道等原因。也有人认为是孔雀河上游不合理地引水、蓄水造成的。更有人认为是丝绸之路改道、异族入侵等原因造成的，如此等等，不一而足。那么，究竟哪方面原因更接近历史事实呢？

22年前，考古学家在距孔

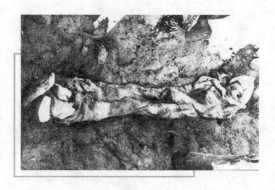

太阳墓葬中发现的干尸

雀河数里的地方，发现了3800年前楼兰王国的神秘墓葬。该墓葬不惜以大量树木为代价而建造，步入其中可以看到一组组用七层胡杨木桩围成的同心圆圈，树径粗达30余厘米。整座墓地远远望去，就如一轮古老沧桑的太阳，镶嵌在戈壁荒原上。由此，人们称其为太阳墓葬。

考察发现，墓葬木桩可以固沙强冢，没有它们，在沙地上，要挖掘营建深达两米多的墓穴是很难的。然而固沙采取如此形式，显示如此图案，它代表着什么意义？难道是太阳崇拜吗？果真如此，为何墓主人均为仰身直肢面向西方而不是东方？楼兰王国是毁于为建造大规模的太阳墓葬，而大肆砍伐林木的活动吗？楼兰王国的先民们，为什么要在大漠中建造太阳形墓葬？它究竟代表了什么意义呢？

斯文·赫定认为他所发现的就是楼兰王国的都城，这已被多数学者专家所认同，但至今仍然有人持不同意见。那么，这个遗址到底是不是楼兰城呢？

1979年，新疆考古所的一支考察队在罗布泊以东发现了一些外形特殊的古墓。墓中死者有的衣着完整，头戴尖毡帽，帽顶还插了几根绳。

这种奇特的服饰令考古学家惊讶不已。

➤ "沙漠纤夫"

"沙漠之舟"探险队本来是要泛舟和田河，穿越塔克拉玛干沙漠，何以又称"沙漠纤夫"呢？只因中国科学院新疆分院的一位同志，无意中说了一句"你们的沙漠之舟应该改为沙漠纤夫才是"，猛地提醒了严江征为首的探险队，于是派人到新疆军区专门买了8条宽背包带。没想到一路上还真派上了用场，验证了那位同志的那句话。

在麻扎塔格山下等了不到两天，队员们就急得发疯似的。好不容易看到和田河的水又有上涨，他们就跃跃欲试地想下水。按计划，他们分成水陆两路。李乐诗和买买提明两人骑骆驼，携带大部分物资，沿和田河两岸前进；

严江征带韩北沙、孙扬和丁丁人等5人，乘两条船漂流。水陆两路约定在和田河下游的肖塔水文站会合。

临行前，他们把那些想到的和想不到的艰难险阻都做了充分地估计。考虑到水陆两路一旦拉开距离，途中难以会合，就带上足够的食品。同时尽量精简一切装备，还准备在漂流途中万一河水中断，就把橡皮船和帐篷等器材就地掩埋，自己背上干粮徒步走出沙漠……

上午11时许，在等不来租用的骆驼的情况下，严江征只好让李乐诗和买买提明留下继续等，他带其他人迅速登船。眼前的河段，水流哗哗，十分湍急。船是从新疆军区工兵部队借用的76式冲锋舟，本身就较轻，一旦下水，就没有任何退路了。他们急忙回过身，向楼兰古城告别，向坟墓山告别，向站立岸边久久不愿离去的李乐诗、买买提明告别，在他们看来，这一告别是十分庄严的，因为谁都十分清楚，探险生涯，前途莫测，虽然都不愿意往坏处想，但每个人的心情仍然是紧张的、沉重的，眼里忍不住冒出了泪花。然后，严江征他们毅然转过身去，振作精神，全神贯注，向着翻滚的浊浪、无情的骄阳，以及可能遇到的一切麻烦，挑战！

漂流的头一天就很不顺利。

原来，和田河流到坟墓山脚下，就分成支支汊汊的。乍看起来，每条支流都在一二百米宽，但水很浅，流速急。由于河底也是沙漠，每条支流中又有一道由水冲刷而成的槽沟，形成主流，小船只有在这槽沟的水面上行驶，才不会搁浅。然而和田河河水的含沙量大，水面浑浊，即是很浅也看不见河底，更难找到槽沟。

应该说，这些探险队员都有一定的行舟经验。他们原以为河的凹岸是被水冲刷成的。靠岸的水一定是深的，只要沿着凹岸漂流就不会有错。但眼前的河道竟是一连串的S形，走一会儿，凹岸就成了凸岸，原来的凸岸又成了凹岸，使得他们不得不时而从左岸向右岸靠，时而又从右岸向左岸靠。而每划到河的中间，总见茫茫一片浊浪，根本分不清哪深哪浅。起初还以为浪花多、水流急的地方可能深一些，但划过去，竟搁浅了。再从水流相对平缓的地方划过去，又是搁浅。再后来，几条支流合并到一处，河面虽然比支流宽

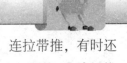

阔，但同样容易搁浅。而每次搁浅，全体人员都得下来，连拉带推，有时还得喊号子抬船。一天下来，拖船的次数最少也在50次以上，平均13分钟拖一次，累得大家筋疲力尽。

小船时时搁浅，已成了家常便饭。虽说全体人员劳累辛苦，倒没什么大的危险，已不在话下，但这沙漠中的河流，一会儿合并一会儿分汊，就又使他们遭遇了另一番危险，每个队员的心也竟悬了半天。

知识小链接

搁 浅

搁浅，意为船只进入水浅处，不能行驶；比喻事情遭到阻碍而中途停顿。

原来，在每一个分汊处，严江征、丁丁人乘的船只和韩北沙、孙扬乘的船只，一不留神竟先后走进了不同的支汊。开始他们并没有在意，以为不久就会会合到一起。但没想到，两条支流却越漫越远，渐渐地互相看不见踪影了。严江征、丁丁人急得抓耳挠腮，他们又是大声喊，又是吹哨子，终也听不见回音。

太阳已落下地平线。借着落日的余晖，他们观察辨别那只船在他们视野中消失的最后方位，觉着那只船应该是在他们的前面，而且还先后发现有好几条支流通向那只船的水道。于是，他们几次下船，连拖带抬，想改走那条水道，但都没能越过沙梁，只好又返回原水道，悬着两颗心继续往前漂。

晚10点半。天已全黑，再行已经困难。他们选好宿营地准备靠岸。这时，忽然听见一阵噼哩叭啦的鞭炮声，判断就是那条船，于是又跳上小船，在黑暗中拼命向前划去。终于看见一处岸边的胡杨林中有手电光不住地晃动。上到岸去，见了人，几颗同样悬着的心才放了下来。5个人互相拥抱，激动得像久别重逢的亲人。根据这个教训，队长当即规定：以后遇到河流分汊时，两只船要互相照应。行驶当中，相距不能超出视线。

在和田河上漂流，其艰难险阻，可以说就好像河面上的水浪，大漠里的沙丘，此起彼伏，连绵不断，有些甚至是同时并举，纷至沓来。就在探险队被浊浪、搁浅不断折腾的同时，无情的骄阳以及沙暴和雨也接二连三地袭击着他们。

沙漠的晴天，不仅是炙热，而且是暴晒，晒得人非脱几层皮不可。漂流的头几天，每个队员就开始从鼻尖脱皮。渐渐地都成了大花脸，就连裸露的胸部，脖颈、小腿、脚面、手背都脱了皮，吓得他们一个个将裤脚、袖口捂得严严的。

拓展阅读

暴 雨

中国气象学上规定，24小时降水量为50毫米或以上的强降雨称为暴雨。由于各地降水和地形特点不同，所以各地暴雨洪涝的标准也有所不同。特大暴雨是一种灾害性天气，往往造成洪涝灾害和严重的水土流失，导致工程失事、堤防溃决和农作物被淹等重大的经济损失。特别是对于一些地势低洼、地形闭塞的地区，雨水不能迅速宣泄造成农田积水和土壤水分过度饱和，会造成更多的地质灾害。

你知道吗

塔里木河流域的矿产资源

塔里木河流域是新疆矿产资源开发前景良好的区域之一，境内矿产种类齐全，含量丰富。其中探明储量大、有巨大开发前景的矿产资源主要有石油、天然气、石棉、石灰岩、云母等。

太阳能把人晒得脱皮，暴风雨也能把人浇透。漂流的10天中，就遇到3次暴风雨。有一次，他们刚刚入睡，就听见狂风、暴雨，飞沙突然而至。帐篷被吹得晃动，篷布被打得"哗哗叭叭"。不一会儿，滔滔的水声又一阵响过一阵。有人打手电筒向外一看，好像滚滚浊浪涌到帐前。队长急忙发话："洪水下来了！快抱物资！"喊声刚落，他自己竟先爬出睡袋，穿着短裤钻到雨中。其他人也跟着冲出去。折腾了一阵后，却发现不是洪水，而是早已凝固而又形似洪水的沙浪，让大家虚惊一场。随后心里虽然踏实了，但有的人又被冻得患了感冒。至第二天，雨基本上停了。但狂风卷着黄沙又随之而来。顿时，天空由灰变黄，天地间浑然一色。这种沙暴，是沙漠中最怕的一大灾害，有时可以把人畜、车辆掀翻、卷起。幸亏这次探险是在河里漂流，沙暴在岸上和沙漠里肆虐，虽不能说像避风港那样安全，但宽阔的河面以及岸边的胡杨林，确实帮了他们的忙。尽管如此，飞沙打在脸上，生疼生疼，眼睛也难以睁开。

1993 年 8 月 23 日，他们的船终于漂过了和田河，进入塔里木河，圆满完成了漂流计划，在探险塔克拉玛干沙漠及和田河的历史上，写下了新的一页。

探秘新疆魔鬼城

那是一片恐怖的"死亡之地"，生命的禁区，遇险和死亡的事件从未间断过。当地人把它称为"魔鬼城"。

一次极为普通的考察活动，竟然在新疆哈密的茫茫戈壁中发现了奇特的、规模浩大的雅丹地貌群。随着对一个个来自远古信息的解读，地理学家破译了魔鬼城沧海桑田的地质变迁，揭开了这片"死亡之地"的神秘面纱。

1986 年 6 月初的一天，哈密地理学会的刘志铭与同伴一行 4 人前往沙尔湖进行一次常规的野外考察活动，这样就必须穿越令人恐怖的魔鬼城那片死亡戈壁。

尽管他们有一辆吉普车代步并且携带了简单的地理定位仪器，但这无疑仍旧是一次冒险的旅程。

就在深入距离五堡乡 20 多千米外的戈壁腹地后不久，科考小组开始徒步在沿途进行一些地质考察，酷热的空气几乎令人窒息。

雅丹地貌

突然，什么东西强烈地吸引了他们的目光。在阳光的映照下，一座座辉煌壮观的庞然大物拔地而起，连接成片，好像地下浮出的城堡群一样。那里就是人们所说的魔鬼城。

科考小组发现魔鬼城水域痕迹，那里也许不是天生的死亡之城。

其实，这就是人们常说的雅丹地貌。它存在于世界上很多干旱地区，在中国则是新疆分布最多，而雅丹的名称就恰恰源于新疆这块土地。

20世纪初，中外学者进行罗布泊联合考察时，在其西北的古楼兰附近发现了一种奇特地貌。当他们向随行的维吾尔族向导询问名称时，向导称其为"雅尔当斯"，在维语中就是"具有陡壁的土丘"，后经辗转翻译，便变成中文的"雅丹"一词。

戈壁中的魔鬼城死一般的寂静，似乎扼杀了所有生命的呼吸，让人不得不相信这里从来都是死神的领地。然而，刘志铭却从这些雅丹土丘上注意到这样一些细节：不仅土丘的土质与戈壁的沙砾土壤截然不同，而且从土丘剖面上可以看出，都无一例外地拥有非常清晰的层理结构，不同层理间的土质也有所区别，这显然与戈壁荒漠的环境是反差极大的，这种差异也许在暗示着一种不同寻常的信息。

荒凉的戈壁深处竟然有大面积水域遗迹。有水自然会有生命的存在，魔鬼城就不是一座天生的死亡之城。事实上，哈密魔鬼城分布在沿着已经消失的库如克果勒河床北侧长120多千米、宽30千米的广大范围内。如果这些巨大的雅丹土丘都是水域中的泥沙沉积，水域又是在何时因为何种原因绝迹的呢？

基本小知识

雅 丹

雅丹地貌是一种典型的风蚀地貌，又称风蚀垄槽。

由于这次偶然的发现，激发了刘志铭强烈的好奇心。一天，他来到一片还未曾勘探的雅丹区域。突然，他看到地面上随处散布着细小的像骨头棒一

始祖鸟化石

样的东西，而且数量非常之多，有的清晰地镶嵌在沙土之中。他再次仔细地查看，原来这竟然是一些骨头化石！

刘志铭于是提取了一些标本决定向专家求教。中国科学院新疆生态与地理研究所研究员赵兴有说："这个鸟类化石估计就是产生于侏罗纪时候，属于始祖鸟。"

哈密的戈壁荒漠在侏罗纪时期竟然有大量的始祖鸟生存！很显然，按照这样的情况推断，那时的魔鬼城绝不可能是现在的样子。

此后，人们又发现了一个位于魔鬼城南部南湖地区盛产怪石的地方。经过专家鉴定，那里的石头叫做硅化木，距今有1.2亿～1.4亿年的历史，是侏罗纪时期的历史遗存。大量硅化木的发现说明魔鬼城曾经拥有大片茂密的森林。

知识小链接

硅化木

硅化木是真正的木化石，是几百万年或更早以前的树木被迅速埋葬地下后，被地下水中的二氧化硅腐蚀而成的树木化石。它保留了树木的木质结构和纹理。颜色为土黄、淡黄、黄褐、红褐、灰白、灰黑等，抛光面可具玻璃光泽，不透明或微透明。

然而，此后发现的珊瑚化石推翻了专家的结论，魔鬼城难道曾是热带海洋？

就在已经确定魔鬼城是森林环绕内陆湖的古地理环境后，另一个意外的发现似乎又推翻了这个结论。一天，同样在南湖戈壁，刘志铭看到远处有些发亮的、像水的反射一样的区域，他好奇地走了过去，原来那里是几座石灰岩山，然而正是这几座石山，又暴露出一段不为人知的秘密。

刘志铭首先发现了一些表面呈孔状的石头，这立刻引起了他的兴趣。他有意识地把随身所带的饮用水泼向石壁，上面马上清晰地显现出许多一块块像野山蜂的蜂房一样的图案，而且中心还有放射纹。根据过去的经验，他几乎可以肯定，这些带有图案的石块就是蜂房状的珊瑚化石。

但是，依据珊瑚的生活习性判断，它应该是生活在水深不超过 200 米、水温在 18℃ 以上的热带浅海域中。

刘志铭的推测显然是有根据的，但让他想不明白的是，过去推断侏罗纪时期，整个魔鬼城所在的哈密盆地甚至新疆都是内陆湖盆，森林分布其间，而珊瑚则是热带浅海生物，它生存的环境应该是热带海洋，这是完全不同的两个概念。

诡异神秘的魔鬼城原来竟是一个鲜活的生命世界。然而，另一个惊人的发现即将到来，既然众多的动植物都在这茫茫戈壁上的魔鬼城中留下了生命的印记，那么，人类的足迹会不会也曾留在这里呢？如果真有的话，又会是怎样的一段历史呢？

刘志铭的推断并没有错，后经科学考察和专家的艰苦研究，魔鬼城的真相终于大白于天下了。原来，二叠纪时期，新疆包括西北地区很多地方都是海洋环境，包括昆仑山、天山以及北面的阿尔泰山都不太高。到三叠纪末期，出现了一次比较强烈的构造运动，包括天山、昆仑山在内的山有了一次抬升，哈密盆地相对来说也有了抬升，但升得不太高，还属于盆地。这个时候，海水基本上就退出。到三叠纪，海水变成了大型的内陆湖泊。

到距今 1.4 亿～1.2 亿年的侏罗纪时期，哈密盆地从地理到气候都非常湿润，大型动植物开始形成。

到白垩纪时，哈密盆地气候、水热条件都不如侏罗纪那时好。盆地虽然整体是下降的，但是局部还是有抬升。

时间一直推进到 4500 万年前的第三纪，哈密依然是一个盆地。而喜马拉雅构造运动爆发，天山、昆仑山、青藏高原强烈抬升到很高的程度，印度洋湿润气流被隔绝了，哈密虽然仍是盆地，但动植物却已经并不茂盛了。

就在距今二三百万年的第四纪，不曾预期的又一次巨变发生了。

第四纪冰期来临，包括天山、昆仑山，冰川基本上都可以达到山麓地带。到了减冰期，冰川消融形成洪水，把细的沙泥搬运到盆地里面，也就是现在魔鬼城的范围内。而这时的哈密盆地局部的气候已经变得异常干旱，湖盆渐渐干涸。

趣味点击 "鬼城"新义

随着城市化的推进，出现了越来越多的新规划高标准建设的城市新区，这些城市新区因空置率过高，鲜有人居住，夜晚漆黑一片，被形象地称为"鬼城"。

在两亿多年的地质变迁中，哈密盆地经历了由海盆到湖盆、湖盆到陆盆的沧桑巨变。几十万年的风沙雕琢，就造就了今天的魔鬼城。

戈壁滩中的巨兽

在沙暴来临之前，为我们运货的卡车终于在一阵刺耳的吱嘎声中熄火了，发动机冒着黑烟像只负伤的野兽艰难地喘着粗气，便突然停止了运转，经检查发现是活塞杆折断了。真是祸不单行，沙暴从西面向我们迫近了，这是一堵由灰黄色的砾石构成的风墙，正以每小时80.5千米的速度向我们压来……

为了寻找恐龙的化石，这支由28名成员组成的探险队来到广袤的

蒙古戈壁

蒙古戈壁中。他们用了一个星期的时间艰难地跋涉了近 805 千米，横穿戈壁滩，直抵发掘地点。在这一周里，几乎一半的时间都被耽搁在路上，车辆总是抛锚，不是轮胎放炮，就是机械故障。每当他们检修发动机时，狂风就夹杂着沙砾，像一张粗糙的砂纸，打磨在队员们的脸上。在狂风的袭击下，维修工作显得异常艰难，大家在万般无奈中，只好眼巴巴地注视着司机。希望他能进展顺利，以便他们摆脱困境。

天色很快黯淡下来，情况却仍旧没有改观，探险队只好就地安营扎寨，为了应验一下那古老的传言，几名队员跃跃欲试，纷纷脱去了上衣并一字排开地站立在风中。此时的沙暴虽不如刚才肆虐，但也足以把这几位强壮的汉子吹得东倒西歪，就像转炉架上的烤肉，团团旋转着，难以保持平衡。"老天爷！这戈壁之旅，真是令人着魔！"看到如此场景，连探险队的总领队——美国纽约自然博物馆的馆长米歇尔·诺瓦赛克也不禁感慨万千。

拓展阅读

荒漠的种类

荒漠环境不单单只是戈壁和沙漠两种形式，还有一种较特殊的山地荒漠。其主要包括我国青藏高原的高原荒漠，天山山脉向平原延伸的山地丘陵地带，伊朗高原和葱岭地区等。

探险队已经深入到这片面积约为 50 万平方千米的荒漠腹地。追溯沙漠探险的历史，自 1992 年至今，已有数支探险队涉足这一领域，其中颇为著名的便是由罗伊·查普曼·安德鲁思率领的队伍，他是美国纽约自然博物馆的一名学者，也是第一位到达这片不毛之地的西方探险家，由于意义重大，他们的探险活动得到了大量资金支援。而与之相比，米歇尔率领的这支队伍从资金到装备都显得有些捉襟见肘了！但为了寻找那些古老的巨兽化石，他们克服了种种困难，仍然顽强地向目的地进发。

这片恐龙化石的聚集地是米歇尔等人于 1993 年发现的，当时机会十分偶然，但收获却格外丰厚。这一地点被叫做乌卡图高，是一片连绵 5 千米遍地赤色沙砾的盆地。说起来真是令人不可思议，谁能相信这被风沙侵蚀得斑驳陆离的不毛之地在白垩纪晚期曾是一片沼泽。在8000万年前，恐龙、哺乳动物和各种蜥蜴生活在这里，它们主宰着一切，是真正意义的统治者！

"白垩纪晚期是恐龙、哺乳类动物，还有鸟类进化的高峰期，"米歇尔解释道。"而丰富的化石沉积可以帮助我们更好地找出那些古老的动物家族之间的联系。对于我来说，每一片残破的化石都是一个活生生的例证。能发现并研究它们是一件令人兴奋的事情，它可以帮助我们追溯现代生命的起源。"

原角龙化石

乌卡图高戈壁中的秘密终于使科学家们的梦想变为现实。那次的发现实属偶然，主要归功于队员尼瑞尔，他在一次散步时，无意中被一堆碎石绊倒，当留意观察时，却发现恶作剧原来是一截已裸露出地面的化石，这真是意外之喜！经挖掘后鉴定，这是一只生活在中生代晚期的食肉类原角龙的胚胎化石，这只酷似鸵鸟的恐龙同鸟类一样生长着坚硬的嘴并附有一个骨质的头冠，它靠粗壮的后腿支撑身体行进，而前爪则尖锐而弯曲。这块化石的形象十分生动，不谙世事的小原角龙似乎刚刚破壳而出便遭受了灭顶之灾！在它那幼小的骨骼周围还残留着一些蛋壳的碎片。

1993年的探险活动收获颇丰，米歇尔等还发现了一具身长2.44米的成年原角龙的骨骼化石，并把它制成了标本带回国内。看起来，这只成年恐龙正蹲坐在一圈至今保存完好的蛋上孵育后代。这证明恐龙的某些习性与鸟类孵化方式有所类似。除此之外，探险队还获得了大量保存完好的蜥蜴类和小型哺乳动物的头骨及骨骼化石。

"这里有如此丰富的化石沉积真是太出人意料了！"米歇尔说道："可能在那时候，温泉和沼泽地的边缘是恐龙和其他动物最理想的繁殖地。尤其是到了白垩纪晚期，正值生命进化的高峰，大量动物来到这里繁殖。但不幸的是，一场灾难性的沙暴无情地毁灭了这里的一切，沙丘塌陷，湖泽干涸，物种消亡……灾难来得那样突然，似乎是在瞬间发生的，很多动物都来不及躲避。从那些化石所保持的姿势可以看出，它们四肢前伸，好像在极力推着什么。这是动物们在沙暴扑面而来时拼命挣扎的身影。就像是因雪崩而遇难的滑雪者在临终前所保持的姿势。"

基本小知识 👆

滑 雪

　　滑雪是运动员把滑雪板装在靴底上在雪地上进行速度、跳跃和滑降的竞赛运动。滑雪板用木材、金属材料和塑料混合制成。高山滑雪由滑降、小回转和大回转组成。高山滑雪混合项目，由上述三个项目组成。人们成站立姿势，手持滑雪杖、足踏滑雪板在雪面上滑行的运动。"立"、"板"、"雪"、"滑"是滑雪运动的关键要素。

　　1993 年的探险经历使米歇尔获得了大量的经验，因此在事隔两年后的 1995 年，他仍然显得信心百倍。经过一夜的休整，探险队员个个精力充沛。恰好天公也做美，沙暴已经远去了，这是一个很晴朗的早晨。营地就座落在一片隆起的小山后面，爬上去，刚好可以俯视这片广阔却早已干涸了的盆地。远处，那连绵不断的被淡紫色的晨曦所笼罩着的群山，便是海拔 2073 米的吉文特乌山脉。

　　探险队的到来显然为这片不毛之地带来了一丝生气。20 多顶小帐篷在沙石滩上依次排开，俨然像是个途中小憩的游牧部落。当队员凯维斯·萨发里收拾好了野炊用具，米歇尔便催促着大家上路了。所谓上路，也只能是步行。往下的路程十分坎坷，探险队的那几辆老爷车早已不堪重负了。好在路程不太远，所以大家只能背起沉重的帆布行囊，向着一驼峰状的山脉前进……终于，他们来到了一个天然的环形山谷，这里四周尽是红褐色的沙岩，气势苍凉而悲壮，让人不由想起了中世纪古罗马的竞技场。

　　卢易斯是队里一位有经验的阿根廷考古学家。他建议在这里开始工作，并带头爬上一段沙岩，沿着倾斜的沙纹仔细地观察，开始寻找起线索。照一般的惯例，如果在沙岩的下部能发现一些细微的化石碎片，那么，继续向上寻找，便很可能发现较完整的骨骼标本。果然不出所料，不一会儿，便传来了卢易斯兴奋的声音："嘿，看我找到了什么！"由于地形的原因，那声音竟然回荡了很久。这毕竟是个好消息，大家精神为之一振，于是分工合作，很快便发现了一恐龙骨骼化石。由于长年的风吹日晒，它已被侵蚀得很脆弱了。卢易斯立即对它进行了处理，他用一支柔软的毛刷蘸着药液细心地清理着化石表面，这种药液有特殊的固化作用，以防止其破碎。20分钟之后，一块恐龙前肢和另一块未完全发育成熟的脊椎骨被成功地分离出来。看来这是一条原角龙的化石，只不过它似乎保存的十分完好，各接合部位均没有遭到外力的挤压或破坏。在队长米歇尔的帮助下，卢易斯标出了位置，随后又划出了挖掘范围。

大家看来收获都不错，其他地方也陆续传来了喜讯。不到一个小时，探险队就发现了近30块化石，其中10块是禽龙骨骼，另外一些是类似兔子大小的小型哺乳动物。

恐龙蛋化石

对于初战告捷，米歇尔倍感欣慰："我们很幸运，这么容易就发现了大量的化石，可并不是所有的考古学家都能像我们一样走好运，有人为之奋斗终生，才仅仅发现了几块颌骨或牙齿化石，大量的残缺部分还要凭借想象去复原，真是异常的艰难！而对于我们，这些问题都不存在了。我们在这里找到的是一副完整的骨架。那场沙暴来得如此之快，使动物们来不及逃散，而几千万年来，大地的变迁又丝毫没能撼动脚下这块戈壁。我们真是太走运了！相比之下，甚至有些不公平了。"

一百年前，没有人会想到，在蒙古荒漠的腹地竟有如此大量的化石沉积。

那时，一块在北美的西部荒漠中出土的恐龙化石曾使多少考古学家为之癫狂迷醉，从而掀起了前所未有的挖掘热潮。安德鲁思教授便是受到这股狂潮的影响而决定 1922 年的那次戈壁之行。

安德鲁思此行的本来目的并不是为了寻找恐龙化石，而是为了找寻几块古人类的头骨作为实物证据，以力求在人类起源这一领域有所突破。没想到的是，他的探险队却发现了世界上第一只原角龙的完整骨骼化石以及若干恐龙蛋化石，并以此而著书《中亚大陆的新收获》。另一件意义非凡的新发现则是一具保存完好的未知名的恐龙头骨化石，它长着一个类似鹦鹉的喙，和一块坚硬的犹如盾牌的护骨。后

拓展阅读

戈壁的特点

戈壁终年少雨或无雨，年降水量一般少于 250 毫米，愈向荒漠中心愈少。气温、地温的日较差和年较差大，多晴天，日照时间长。风沙活动频繁，地表干燥、裸露，沙砾易被吹扬，常形成沙暴，冬季更多。荒漠中在水源较充足地区会出现绿洲，具有独特的生态环境利于生活与生产。

来，这只未知名的恐龙被学术界命名为：安德鲁思鹦嘴龙。以纪念他为古生物学研究作出的杰出贡献。安德鲁思的探险活动直到 1930 年才圆满结束。

中国的著名沙漠

　　我国地域广阔，国土面积有 960 多万平方千米，所以，我国的地形多种多样。

　　如今，我国沙漠总面积约 70 万平方千米，如果连同 50 多万平方千米的戈壁在内的话，沙漠化土地总面积为 120 多万平方千米，占全国陆地总面积的 13%。中国西北干旱区是中国沙漠最为集中的地区，约占全国沙漠总面积的 80%。主要沙漠有塔克拉玛干沙漠、古尔班通古特沙漠、巴丹吉林沙漠、腾格里沙漠以及库姆塔格沙漠等。

　　而且这些沙漠土地还有扩大的趋势，所以，我们应该好好地保护环境，植树种草，防止土地沙漠化趋势的蔓延。

塔克拉玛干沙漠

塔克拉玛干沙漠，维吾尔语意为"进去出不来的地方"，人们通常称它为"死亡之海"。塔克拉玛干沙漠是中国最大的沙漠，亦为世界著名大沙漠之一。介于北纬36°50′～41°10′，东经77°40′～88°20′。位于中国最大的内陆盆地新疆塔里木盆地的中部，北为天山，西为帕米尔高原，南为昆仑山，东为罗布泊洼地，面积达33.7万平方千米。沙漠以流沙占绝对优势，占整个沙漠面积的85%，且沙丘高大，除边缘外，一般均在50～100米以上。

塔克拉玛干沙漠

干旱河床遗迹几乎遍布于塔克拉玛干沙漠，湖泊残余则见于部分地区（如沙漠的东部等）。沙漠之下的原始地面是一系列古代河流冲积扇和三角洲所组成的冲积平原。大致北部为塔里木河冲积平原，西部为喀什噶尔河及叶尔羌河三角洲冲积扇，南部为源出昆仑山北坡诸河的冲积扇三角洲，东部为塔里木河、孔雀河三角洲及罗布泊湖积平原。沉积物都以不同粒径所组成的沙子为主，沙漠南缘厚度超过150米。在沙漠2～4米、最深不超过10米的地下，有清澈丰富的地下水。

由于地处欧亚大陆的中心，四面为高山环绕，塔克拉玛干沙漠充满了奇幻和神秘的色彩。变幻多样的沙漠形态，丰富而抗碱风沙的沙生植物植被，蒸发量高于降水量的干旱气候，以及尚存于沙漠中的湖泊，穿越沙海的绿洲，潜入沙漠的河流，生存于沙漠中的野生动物和飞禽昆虫等；特别是被深埋于沙海中的丝路遗址、远古村落、地下石油及多种金属矿藏都有待于人们去探寻。

科学家对塔里木盆地南部边缘的沉积地层进行了深入分析，发现其中夹有大量风力作用形成的"风成黄土"，年龄至少有 450 万年，而这些"风成黄土"的物源区（即来源地），就是现在的塔克拉玛干沙漠。塔克拉玛干沙漠地处新疆腹地。

其南部和东南边缘，特别是有巨大的青藏高原，成了夏季风难以逾越的屏障。天山以南昆仑山以北，青藏高原的阻隔使印度洋水汽无法进入新疆，西部帕米尔高原阻隔，湿润的海洋气流（东南季风和西南季风）无法吹进，水汽来源被隔绝，北部天山以及更北的山脉使得北冰洋水汽也难以进入，而青藏高原还将影响中亚地区的干热西风带向北逼去，影响到塔克拉玛干沙漠，其实是个被群山包围的盆地各个方向的水汽都无法进入，又不在季风影响范围内，又被干热西风带气候控制，于是形成沙漠。

塔克拉玛干沙漠，系暖温带干旱沙漠，酷暑最高温度达 67.2℃，昼夜温差达 40℃以上；平均年降水不超过 100 毫米，最低只有四五毫米；而平均蒸发量高达 2500～3400 毫米。全年有 1/3 是风沙日，大风风速每秒达 300 米。由于整个沙漠受西北和南北两个盛行风向的交叉影响，风沙活动十分频繁而剧烈，流动沙丘占 80% 以上。据测算低矮的沙丘每年可移动约 20 米。

孔雀河

塔克拉玛干沙漠虽以流沙为主，但仍可划分为：具有风蚀雅丹和沙丘覆盖的罗布泊、孔雀河、塔里木河下游河湖平原，流沙沙丘与灌丛沙丘覆盖的阿尔金山－昆仑山山前洪积、冲积平原，剥蚀低山与复合型沙丘覆盖的麻扎塔格北部平原，复合型沙丘覆盖的倍尔库姆，灌丛沙丘及流动沙丘覆盖的塔里木平原，具有"河谷天然绿洲"与高大沙山覆盖的塔克拉玛干中部三角洲平原，高大沙山覆盖并有湖泊残余的塔克拉玛干东部平原。

知识小链接

流动沙丘

　　流动沙丘是根据沙丘移动性划分的沙丘类型之一。流动沙丘在沙漠区分布很广。流动沙丘的特征是：地表植被稀少，沙丘形态典型，在风力作用下，容易顺风向移动。流动沙丘移动速度与沙丘的高度、风速及其变率、下垫面的状况等有关。其主要分布在我国新疆、黄土高原一带。

　　1983年以来的地质勘测表明在茫茫大沙漠下，水、油、气资源蕴藏十分丰富。1992年，我国建成北起轮南，南达塔中，全长346千米的塔克拉玛干沙漠公路。乘车于沙漠公路犹如荡舟大洋，遗憾的是人们的视线过早落到地平线上。然而在塔克拉玛干腹地海拔1413米的乔喀塔格山（红白山）上眺望塔克拉玛干沙漠，则是另一种的浩瀚。苍茫天穹下的塔克拉玛干无边无际，它能于缥缈间产生一种震慑人心的奇异力量，令面对此景的每一个人都感慨人生得失的微不足道。

　　在红白山上看和田河的秋色，是一辈子不能忘怀的。和田河两岸的胡杨在阳光下泛着浓厚的金黄，如宽大的金色丝带缠绕着大地，从天际延伸过来，又蜿蜒消逝到天的另一尽头。我们发现，要欣赏此景，恐怕塔克拉玛干是唯一的。

　　如果将全国各地的胡杨作比较，无论胡杨之美还是胡杨之刚毅都由新疆获冠。新疆胡杨号称"生而一千年不死，死而一千年不倒，倒而一千年不

胡杨林

腐"。在轮台的塔里木河附近沙漠地区，胡杨林的气势、规模均在全国之首，轮台的胡杨林公园也是国内独一无二的沙生植物胡杨林的观赏公园。当秋色降临，步入胡杨林，四周为灿烂金黄所包围。洼地水塘中，蓝天白云下，胡杨的倒影如梦如幻。由轮台往南100千米的沙漠腹地，为大面积原始胡杨林，不少古老的胡杨树直径达1米以上。

和田河的胡杨树皆为次生林，大部分树形呈塔状，枝叶茂盛，秋天时通体金黄剔透，此处的胡杨以成片的优美林相为显著特点，加上起伏的沙丘线条，随时进入眼帘的都是一幅美丽的风景画。在塔克拉玛干南部的沙漠中，经常可看到盆景般的胡杨景色，那里的胡杨静静地伫立于沙丘，千姿百态，仿佛人间修饰。

塔克拉玛干有着辉煌的历史文化，古丝绸之路途经塔克拉玛干的整个南端。许多考古资料说明，沙漠腹地静默着诸多的曾经有过的繁荣。

在尼雅河、克里雅河和安迪尔流域，西域三十六国之一的精绝国、弥国和货国的古城遗址至今鲜有人至或鲜为人知，在和田河畔的红白山上，唐朝修建的古

广角镜

胡杨的保护措施

合理调整干旱荒漠地区农、牧、林三者的关系，严禁乱砍滥伐；各河流上游截流水库应定期向中、下游放水，确保胡杨林的恢复和发展。同时，应在我国西北地区建立两个胡杨林自然保护区，作为科研和物种保护基地。

戍堡雄姿犹存。有品味的旅行者都会关注旅途中的人文内涵，关注相关的社会话题。为此，穿越塔克拉玛干有必要了解古丝绸之路文化，而欲了解古丝绸之路文化不能不了解与之密切相关的西域古国历史，以及千百年来各方面的变迁——为什么一系列的古国遗址今天大多远离人类社会，沉默于没有生命的大漠中？这是一个与自然环境及环境保护密切联系的话题。

呼伦贝尔沙地

呼伦贝尔沙地位于我国内蒙古东北部呼伦贝尔高原。该沙地地势由东向西逐渐降低，且南部高于北部。呼伦贝尔沙地东西长约 270 千米，南北宽约 170 千米，面积近 1 万平方千米。呼伦贝尔沙地形成时间较短，而且气候条件相对其他沙漠而言较为湿润，所以人们对他的了解较多。

呼伦贝尔沙地

沙地的形成与近年来持续的干旱，传统的生产生活方式及保护和建设意识淡漠不无关系。呼伦贝尔沙地原来是草原的一部分，由于上述原因，出现了固定沙丘活化、风蚀坑，造成呼伦贝尔的草原退化、沙地活化，使呼伦贝尔草原沙化形势严峻。

沙地的活化会造成巨大的区域生态灾难。目前，呼伦贝尔沙地已上升为我国第四大沙地，而且是目前四大沙地中唯一仍在扩展的沙地。

呼伦贝尔沙地大多分布在冲积、湖积平原上，主要集中在海拉尔河南部，从海拉尔至满洲里铁路线的沙带长约 150 千米，宽 4~40 千米；另一处沙地位于新巴尔虎左旗的阿木古郎镇，并向东和东南延伸，经辉河至伊敏河，

海拉尔河

沙带长约 140 千米，宽 15 ~ 70 千米，最宽约 90 千米，大部分为平缓沙地。

此外，在达赉湖东岸还有南北延伸的湖滨沙带，伊敏河及其支流锡尼河等沿岸也有流动沙丘及半固定沙丘分布。呼伦贝尔沙地境内较平坦开阔，微有波状起伏。地势由东向西逐渐降低，且南部高于北部，以达赉湖最低，海拔仅 545 米。

知识小链接

生态灾难

生态灾难是指生态系统平衡被破坏而给社会、给人类所带来的灾难。如因无节制地开垦土地、无节制地滥伐森林而使土地荒漠化。荒漠化给社会、给人类带来的灾难，便是生态灾难。

呼伦贝尔沙地的固定沙丘约占沙地总面积的 73.5%，半固定沙丘约占 22.2%，流沙仅占 4.3%。固定和半固定沙丘多数为蜂窝状和梁窝状沙丘及灌丛沙地、缓起伏沙地，沙丘间普遍有广阔的低平地，是优质的农业垦殖区。呼伦贝尔沙地处于森林与草原的过渡地带，地理环境优越，沙地又以固定和半固定沙丘为主，为农、牧、林业生产的综合经营提供了广袤的土地和丰富的生物资源。

呼伦贝尔沙地的气候具有半湿润、半干旱的过渡特点，沙地境内的河流、湖泊、沼泽较多，水分条件优越。年平均气温较低，为 2.5℃ ~ 0℃，年 ≥10℃ 积温 1800℃ ~ 2200℃，年日照时数 2900 ~ 3200 小时，无霜期 90 ~ 100 天。7 月份平均气温在 18℃ ~ 20℃，有利于牧草生长，适宜牲畜放牧。年降水量 280 ~ 400 毫米，多集中于夏秋季，年蒸发量 1400 ~ 1900 毫米，干燥度 1.2 ~ 1.5，相对湿度 60% ~ 70%，盛夏季节雨热同步、空气湿润，有利于农业生产，年大风日数 20 ~ 40 天，年平均风速 3 ~ 4 米/秒。

呼伦贝尔沙地中较大的河有海拉尔河及其支流伊敏河、辉河、莫勒格尔河等，还有乌尔逊河、克鲁伦河、毛盖河等，水资源极为丰富。土壤中含沙量较大，一般多为中、细沙，但在西南部出现砾面化现象。风沙土主要分布在沙带及其外围的沙质平原上。在固定风沙土中，发育着有机质含量较高的黑沙土。在河泛地及湖泊周围有草甸土、碱土及盐土等。

呼伦贝尔沙地植被状况与其他沙地相比较好。沙地东部植被，为大兴安岭西麓森林草原植被，以白桦为主，混生有山杨等，草原群落的建群种为线叶菊、贝加尔针茅、羊草等；沟谷及河漫滩分布有中生杂草和苔草类组成的沼泽化草甸及沼泽植被；靠南部红花尔基一带有大面积的樟子松林带，伴生有白桦、榛子等，还有线叶菊、贝加尔针茅、羊草等杂类草。

植 被

基本 小知识

植被就是覆盖地表的植物群落的总称。它是一个植物学、生态学、农学或地球科学的名词。植被可以因为生长环境的不同而被分类，譬如高山植被、草原植被、海岛植被等。环境因素如光照、温度和雨量等会影响植物的生长和分布，因此形成了不同的植被。

沙地中部植被，为典型草原植被，建群种为大针茅、羊草等，另有差巴嘎蒿、冷蒿半灌林群落和黄柳灌丛及榆树疏林等；在河漫及低湿地有中生禾草、苔草、杂类草等甸。

沙地西部植被，仍属典型草原植被，旱生性较强的克氏针茅、隐子草等占优势，以丛生小禾草、旱生小灌木、半灌木和葱等为伴生种。克鲁伦河沿岸滩地及河谷低湿地，是芨芨草、马蔺等盐化草甸。

由于呼伦贝尔沙地形成时间较短，而且位于草原之中，对人民的生产生活影响较大，所以我国正在积极对其进行综合治理。

20 世纪 80 年代中期，呼伦贝尔沙地被纳入三北防护林体系建设范围，通过 20 多年的治理，工程建设为改善呼伦贝尔沙地生态状况发挥了重要的作用，防沙治沙初见成效，累计治理沙化土地面积 40 多万亩，封育沙地樟子松 240 万亩，保护草场 500 万亩，一些重点治理区的林草覆盖率提高了近 50 个百分点。但由于工程建设投入严重不足，治理规模小，进度慢，加之管护措施滞后，造成呼伦贝尔沙地沙化扩展的势头没得到有效遏制，仍然

三北防护林

处于内部在活化、外部在扩展、沙化程度在加重、治理速度赶不上沙化速度的状态。

呼伦贝尔草原日益加剧的土地沙化，不仅对呼伦贝尔市经济社会可持续发展造成了严重影响，而且也对大兴安岭森林以及松嫩平原的生态安全和粮食安全构成了严重威胁。呼伦贝尔沙地沙化扩展引起了党和国家的高度重视，备受社会各界的广泛关注。国家林业局在深入调查研究的基础上，提出了依托三北防护林体系建设工程，集中治理呼伦贝尔沙地的建设思路，并组织编制了《三北防护林呼伦贝尔沙地治理项目实施方案》（2008—2015），计划用8年时间，投资4.54亿元，完成人工造林、封沙育林、飞播造林550万亩，初步建立起以林草植被为主体的沙区生态安全体系，基本遏制呼伦贝尔草原沙化扩展的态势。

遏制呼伦贝尔沙地沙化的措施是多方面的，主要有以下几点：

1. 封沙育草、天然恢复植被，重建生态系统的良性循环是沙漠化土地整治最基本、最有效的方法之一。天然恢复的方法主要通过对沙漠化的草场进行围栏，禁绝人为干扰与破坏，使植被逐渐恢复。目的在于增加地表植被覆盖度，固定沙地地表。

2. 植物固沙在沙漠化整治中是一种最基本的整治方法。根据沙地的具体情况，选择与其生理生态相适应的植物种类，实行退耕种树种草，扩大林草比例，控制沙漠化蔓延。

你知道吗

土地沙化

土地沙化是指因气候变化和人类活动所导致的天然沙漠扩张和沙质土壤上植被破坏、沙土裸露的过程。

3. 从调整土地利用结构入

手，采取封沙育草、人工植物固沙以及必要的沙障固沙，形成多种措施综合治理，能封则封，能固则固，能调整的调整。既要考虑治沙的科学性又要考虑生产的实际性和可行性，既要重视生态效益，又要重视经济效益。

4. 利用有利的时机，在沙地周围进行人工增雨作业，为草原植被的恢复创造条件。

毛乌素沙地

毛乌素沙地，位于我国内蒙古自治区伊克昭盟南部乌审旗和陕北榆林一带。沙地东起陕西省的神木县，西至宁夏回族自治区的盐池县，南抵长城，北至鄂尔多斯高原中部，面积约 1 万平方千米。

毛乌素沙地

毛乌素沙地海拔多为 1100 ~ 1300 米，西北部稍高，达 1400 ~ 1500 米，个别地区可达 1600 米左右。东南部河谷低至 950 米。毛乌素沙区主要位于鄂尔多斯高原与黄土高原之间的湖积冲积平原凹地上。1949 年新中国建立后，在陕北进行固沙工作，引水拉沙，发展灌溉，植树造林，改良土壤，改造沙漠，成效显著。

毛乌素沙区年均温 6.0℃ ~ 8.5℃，1 月均温 –9.5℃ ~ 12℃，7 月均温 22℃ ~ 24℃，年降水量 250 ~ 440 毫米，集中于 7 ~ 9 月，占全年降水 60% ~ 75%，尤以 8 月为多。降水年际变率大，多雨年为少雨年 2 ~ 4 倍，常发生旱灾和涝灾，且旱多于涝。夏季常降暴雨，又多冰雹，最大日降水量可达 100 ~ 200 毫米。沙地东部年降水量达 400 ~ 440 毫米，属淡栗钙土半草原地带，流沙、半固定和固定沙丘广泛分布，西北部降水量为 250 ~ 300 毫米，属棕钙土半荒漠地带。毛乌素沙区处于几个自然地带的交接地段，植被和土壤反映出过渡性特点。除向西北过渡为棕钙土半荒漠地带外，向西南到盐池一带过渡为灰钙土半荒漠地带，向东南过渡为黄土高原暖温带灰褐土森林草原地带。

　　毛乌素沙区土地利用类型较复杂，不同利用方式常交错分布在一起。农林牧用地的交错分布自东南向西北呈明显地域差异，东南部自然条件较优越，人为破坏严重，流沙比重大；西北部除有流沙分布外，还有成片的半固定、固定沙地分布。东部和南部地区农田高度集中于河谷阶地和滩地，向西北则农耕地减少，草场分布增多。现有农、牧、林用地利用不充分，经营粗放。全区流沙面积约1.38万平方千米，通过各种改造措施，毛乌素沙区东南部面貌已发生变化。

知识小链接

降雨量

　　从天空降落到地面上的雨水，未经蒸发、渗透、流失而在水面上积聚的水层深度，称为降雨量（以毫米为单位）。它可以直观地表示降雨的多少。测定降雨量常用的仪器包括雨量筒和量杯。

　　沙漠的降雨量少，绝大多数植物无法在此生长，不过在沙漠四周的半沙漠地带，仙人掌类的植物则可生长，并栖息着以这些植物为食的草食动物及以草食动物为食的肉食动物。

　　毛乌素沙地可以说是草原的另一种特殊形态。毛乌素沙地地区非常干燥，日夜温差相当大。因此，生活在此间的动物，必须具有长时间不喝水亦可继续活动的耐旱或者是栖居于凉爽的洞穴中夜间再出来

夹袋小鼠

活动，亦即必须各自具备适应此特殊环境的生存能力。由于沙漠地区水量不足，动物通常需从植物中摄取水分，或借着所摄取的食物，在体内制造所需的水分，如夹袋小鼠等。有些动物体内甚至有储存水分的再造，沙漠中的骆驼即是。在沙漠地区，大多数动物的体毛颜色与沙土相同。沙土般的颜色不易吸热，更能增加在沙地中的活动力，同时也有保护色的作用，不易被天敌发现、易于觅食。此外，在毛乌素沙地中还可以看到一些大耳朵的动物。大耳朵除了帮助体温快速发散之外，还具有探察声音动向的功能。在缺乏食物

苏里格庙

和水分的沙漠中，动物为了生存，往往必须长途跋涉到远方寻求补给品。因此，他们大多具有发达的四肢，这也是沙漠动物的特征之一。有些动物甚至于会钻入沙中避暑，伺机捕捉猎物。

在毛乌素沙地的深处有一古刹——苏里格庙，此庙近年内"一举成名天下知"，原因在于世界整装大气田苏里格气田以此庙而命名，此庙因苏里格大气田而扬名。苏里格庙位于鄂托克旗，距乌兰镇约 50 千米。此庙相传建于 1228 年。

基本小知识 气　田

气田是天然气田的简称，是富含天然气的地域。通常，有机物埋藏在 1 千米至 6 千米深，温度在 65℃～150℃，会产生石油，而埋藏更深、温度更高的会产生天然气。

苏里格气田既然以苏里格庙命名，自然离庙区不远。苏里格气田地区地表主要为沙漠覆盖，气藏主要受控于南北向分布的大型河流、三角洲沙体带，

是典型的岩性圈闭气藏。气层由多个单沙体横向复合叠置而成，基本属于低孔、低渗的大型气藏。

气田从 1999 年开始进入大范围勘探，2001 年前期探明的储量约 2204.75 亿立方米。

2003 年，苏里格气田又新增探明储量约 3131.77 亿立方米，并通过国土资源部矿产资源储量评审中心评审。至此，苏里格气田以累计探明 5336.52 亿立方米的地质储量，成为中国目前特大型气田。

❖ 浑善达克沙地

浑善达克沙地是我国四大沙地之一，位于内蒙古中部锡林郭勒草原南端，距北京直线距离约 180 千米，是离北京最近的沙源。浑善达克沙地东西长约 450 千米，面积大约 5.2 万平方千米，平均海拔约 1100 多米。

浑善达克沙地

浑善达克沙地气候温和，属温带大陆性气候，年平均气温为 1.5℃，一月份平均气温 –18.3℃，七月份平均气温 18.7℃，极端最高温度 35.9℃，极端最低气温 –36.6℃，夏季凉爽宜人，是避暑的好地方。全年降雨量为 365.1 毫米，而且主要集中在 7、8、9 月份，约占全年降雨量的 80%～90%。全年的无霜期 104 天，冬天有 180 天的冰雪期。

正是由于浑善达克沙地气候较为温和，人们对其的科考和探险活动较为频繁，所以对它的了解也较多。

浑善达克沙地多为固定或半固定沙丘，沙丘大部分为垄状、链状，少部分为新月形，呈北西向南东向展布，丘高 10～30 米，丘间多甸子地，多由浅黄色的粉沙组成。

沙 狐

沙地的景观分为固化沙地阔叶林景观、沙地夏绿灌木丛景观、沙地禾草木景观、沙地半灌木半蒿类景观及流动沙丘或裸沙景观等。晴空万里的朗朗秋日，金色的沙地被五彩的灌木丛点缀得绚丽多姿。沙地上灌木种类繁多，沙榆、红柳、小灌木林、优良牧草和药用植物相依相伴。

野生动物更是门类繁多，常见的有狼、沙狐、獾子、山兔等达 50 多种。浑善达克沙地克旗段南部有短小的内流河、小湖泊和沼泽地。浑善达克沙地的沙丘间多生以沙榆为主的乔灌木和多种草本植物，是维护沙地生态的主要植被。

知识小链接

红 柳

红柳，又名柽柳，是高原上最普通、最常见的一种植物。属红柳科灌木或小乔木，在我国新疆、甘肃、内蒙古等地广泛分布。

在浑善达克沙地东部边缘，生长着大面积的以沙榆为主的沙地疏林，万物复苏的春天，沙丘间的株株沙榆吐露出嫩绿的榆钱，让死寂的沙地充满生机；烈日炎炎的夏日形态各异的沙榆枝叶相连，为茫茫沙漠撑开绿荫；霜冻后深秋，橘红色的树叶又让沙地层林尽染，景色宜人；白雪飘飞的寒冬，这些沙榆又成为防风固沙的勇士，迎风傲雪昂然挺立。

自达尔罕往东相隔二十几千米的白音敖包国家自然保护区，生长着 3.6 万亩世界珍奇树种——沙地云杉，此树属常绿乔木，极耐寒冷和干旱，既能调节气候、净化空气，又能防风固沙、保护草原。沙地云杉不仅创造了沙漠生命的奇迹，还以其不畏严寒、傲然挺拔的雄姿赢得了人们的青睐。此树由于生存年代久远且具有极强的固沙能力，因此被称为沙漠上的"绿宝石"、"生物活化石"。

你知道吗

自然保护区

自然保护区是一个泛称，实际上，由于建立的目的、要求和本身所具备的条件不同，而有多种类型。按照保护的主要对象来划分，自然保护区可以分为生态系统类型保护区、生物物种保护区和自然遗迹保护区 3 类；按照保护区的性质来划分，自然保护区可以分为科研保护区、国家公园（即风景名胜区）、管理区和资源管理保护区 4 类。

近年来，在浑善达克沙地克旗响水电站周围的沙丘上，专家又发现了大面积杜松和油松混交林，面积达 3 万多亩。经确认，这片混交林是我国最靠北、面积较大的杜松和油松混交林。

沙地云杉

由于沙地自然环境较好，所以这里甚至被称为"沙漠花园"或"塞外江南"。每年三四月份，湖水刚一化开，大批候鸟从南方飞回，来到查干诺尔湖栖息，在浑善达克沙地的小湖、泡子的芦苇、蒲草中产卵育仔。

在沙窝子中怎么会有这么多的水呢？刚接触浑善达克沙地的时候，人们都会提出这个问题，后来当人们更详细地了解了之后，也不禁为浑善达克沙地的未来担心，因为近些年气候变化，地下水位下降，泉水消失，河水断流。一些地方沙化加重，树木枯死，草场退化，正严重地威胁着这片美丽的花园。

对生态的这一变化，人们不但束手无策，而且不了解其原因，例如有人提出是降水减少的缘故，但是生长在水里的红柳为什么也会死亡呢？浑善达克沙地有许多神奇的地方。德格力图在沙窝子的边上，是一个长满芦苇和蒲草的小湖，在它的周围还有几个类似的小湖。它们是由地下水直接形成的，湖水清澈见底，冰凉刺骨，人们都不敢下去。茂密的苇草长在离湖岸几米远的水里，由于有水的保护，德格力图成了候鸟产卵育仔的好地方。每年四五月份，大批的候鸟来到那里产卵育仔，此时鹤鸣鸭叫，好不热闹。

在浑善达克沙地的水泡子里，扎汉宫是最神奇的了。它位于德格力图南方 2000 米的一个大沙丘脚下，是一个直径不到 50 米的圆圆的小湖。扎汉宫的神奇表现在它的深上，倘若问当地老乡它有多深，他们会点着头说："深，深！没底。"曾有人用 15 米长的绳子系了块大石头，没有能探到底。更奇怪的是，扎汉宫周围全是沙窝子，流沙会流进湖里，草原的大风也会把沙土吹进湖里，可是多少年来，扎汉宫还是那么深，从来没有被淤塞过。它的水老是那么多，无论旱涝总是如此。

在这么小的湖里，有很多的鱼，而且全是清一色的鲫鱼。这些鲫鱼比一般的鲫鱼颜色要黑，个体不算大，但肉味鲜美。在浑善达克沙地里，有很多这样的小湖，它们都有这种鲫鱼，在过去是给皇上的贡品。

拓展阅读

仙人掌公园

美国的亚利桑那州因沙漠气候的关系，有相当多的仙人掌，特别是巨大的树形仙人掌，因此在 1994 年成立了树形仙人掌国家公园。园中有多达 1000 多种来自世界各地不同的仙人掌。

沙地的严峻形势已经引起了人们的重视。进入 21 世纪以来，随着保护生态的意识增强，沙地所在的锡林郭勒盟已组织力量对沙地进行治理。锡林郭勒盟林业局恪守职责，组织发动社会各界力量，多年如一日，坚持不懈地开展防沙治沙生态建设，着力实现生态改善和农牧民增收双赢目标，取得明显成效。仅京津风沙源治理工程实施以来，全盟就完成林业建设任务 803 万亩，营造林面积超过了前 50 年的总和，森林覆被率翻了一番。通过集中连片、点面结合、综合治理和禁牧、休牧、划区轮牧、生态移民等一系列配套措施的落实，全盟生态环境整体上有所改善，浑善达克沙地植被状况明显好转，重点区域生态恶化的趋势得到有效遏制。尤其是沙源工程区植被覆盖率较治理前普遍增加 30% 以上，有些已进行打草、采种利用，形成了新的种源基地和后续产业基地。

浑善达克沙地流动、半流动面积减少了约 460 万亩。长约 420 千米，平均宽约 3 千米，总面积约 183 万亩，横跨 5 个旗县的沙地南缘防护体系基本形成，有效地控制了沙地扩展。与此同时，林业建设促进了农村牧区产业结构调整和农牧民增收。

➡️ 库姆塔格沙漠

　　在新疆罗布泊以东至甘肃玉门关间的库姆塔格沙漠气候干燥。盛夏之日，沙漠处处热浪袭人，仿佛燃烧着熊熊火焰。一到这里，游人会感到酷热，瞬间就会大汗淋漓、热气绕身，给人以置身桑拿室般的感受。但是，在沙漠的北缘，又有一条清澈明净的小河，潺潺流水，傍依沙山蜿蜒西去。

库姆塔格沙漠

在小河两旁，随处可见的柳树、杨树挺拔伫立，盘根错节，状如盘龙。如果置身这片葱绿之中，听流水淙淙，任凉风吹拂，气温可骤降 20℃~30℃，顿时又令人倍感凉爽。

　　近年来，我国科学工作者对库姆塔格沙漠进行了多次科学考察工作，并取得了良好的成绩。科考队员们发现，阿尔金山北麓是野生双峰骆驼的夏季牧场，梭梭沟是其穿越库姆塔格沙漠的通道之一。

　　野生双峰骆驼是国家一级保护动物，其数量比大熊猫的数量还少，全世界仅存不到七八百峰。在2004年9月和2005年9月的两次科学考察中，科考队共发现8群31峰野生双峰骆驼，其中最少的一群只有2峰，最多的一群多达25峰。证明阿尔金山是野骆驼主要的夏季草场。在科考队穿越梭梭沟的沿途中，发现多处骆驼蹄印和粪便。另外，在库姆塔格沙漠腹地，科考队还发现一大一小两具野骆驼遗骸，说明库姆塔格沙漠是野骆驼冬春迁徙的主要通道，梭梭沟是其穿越库姆塔格沙漠的通道之一。

野生双峰骆驼

　　库姆塔格沙漠中虽然有野生骆驼出现，但从总体上来说，库姆塔格动植物种类稀少，群落结构也非常简单。

　　库姆塔格沙漠地处我国温带荒漠区域，各类生物种群虽然数量稀少，种类贫乏，但各自代表着其对特殊环境的适应能力。库姆塔格沙漠自然植被是以温带半灌木荒漠和温带灌木荒漠为主的植被类型。考察共发现植物46种，隶属于15科36属，其中沙漠腹地植物18种，且以藜科植物分布为主，植被种类稀少，群落结构单调；野生动物属于荒漠动物群，主要由中亚荒漠区系成分组成，先后发现各类动物37余种，其中昆虫类20余种，有蹄类2种，鸟类8种，鼠类3种，爬行类4种，动物物种数量少，大型的野生脊椎动物如野骆驼、鹅喉铃及鸟类以沙漠边缘地带分布为主，沙漠腹地以昆虫、蜥蜴较为常见。

　　既然这里连生物群落结构都那么简单，是不是说这里没有一滴水呢？其实不是，这里还经常发生洪水呢！

　　库姆塔格沙漠分布在阿尔金山北麓洪积扇之上。每年5~7月份，来自阿尔金山的季节性洪水在山前汇集，通过库姆塔格沙漠南北向深切谷下泄，最后聚集于沙漠腹地而形成多处面积大小不等的尾闾湖，湖水经过蒸发和下渗而消失。

科考队通过测量洪水下泄时形成的水流印记发现，仅通过梭梭沟下泄的季节性洪水最大过水断面积就达 23.4 平方米。洪水经过 90 多千米的下泄，到达梭梭沟口时，由于风积沙对深切沟谷的掩埋，水流被阻挡而形成深度 7 米，宽度 12 米的坝体，洪水沿两岸溢出 20 多米。最后，水流冲破坝体一路下泄，在沙漠腹地沙丘低地形成多处过道湖或尾闾湖。在 2000 年 7 月的库姆塔格沙漠遥感影像上，可以看到面积为 3.0×10^5 平方米的湖水面。科考队最后一个营地就是驻扎在一个尾闾湖的龟裂地上。经过测量，该尾闾湖最大湖面为 3.8×10^5 平方米，湖水位最大时达到 $1.2 \sim 1.5$ 米，局部地方达到 2.0 米。

发源于阿尔金山的季节性洪水经过沿途下渗、蒸发及在湖泊中的下渗和蒸发，最后消失殆尽。洪水下渗对于库姆塔格沙漠地下水有一定的补给作用。

科考队在库姆塔格沙漠腹地发现多处形态各异的砾石堆体。砾石堆体有的呈孤立的锥状，高度在 $2 \sim 20$ 米；有的呈梁状，呈东北西南走向，连绵数千米，有的梁状砾石堆体直达阿奇克谷地的南缘。砾石堆体有的已经被流沙掩埋，有的仍然出露。经过几天的大面积勘察，在一处绵延数千米的梁状砾石堆体下，发现了一个厚度达 40 多米的湖积相、风成相互层的连续地层剖面。这一连续地层剖面表明，远古时期库姆塔格沙漠一带曾经存在面积很大的湖泊。这些湖泊可能与西北部的罗布泊相连，古疏勒河河水曾经是罗布泊主要的补给河流之一，来自阿尔金山的多条河流和古疏勒河水在这一带汇集。随着青藏高原隆升和环境变化，古疏勒河水逐渐退缩至现今的哈拉湖一带了。科考队发现的梁状和锥状砾石堆体就是古疏勒河水变迁的有力证据。

科考队通过实地调查发现，库姆塔格沙漠的风积地貌以沙垄为主，并分布有金字塔沙丘、格状沙丘等多种风积地貌和雅丹、风蚀坑等风蚀地貌。库姆塔格沙漠南部分布多条南北走向的冲沟，其两岸为复合型沙垄，高 $18 \sim 178$

米，走向与冲沟的走向一致；在沙漠腹地，线形沙垄、孤立的新月形沙丘、沙丘链占优势；新月形沙丘和新月形沙垄是沙漠北部的主要风积地貌形态。

你知道吗

沙垄

新月形沙丘在两组风向成锐角斜交的情况下，一翼向前延伸很长，而另一翼相对停止前进，最终甚至消失。延伸的一翼发展成为沙垄，又称为新月形沙垄，高度一般仅数米，延长长度不等。

库姆塔格沙漠以独有的羽毛状沙丘而著称于世。对比遥感影像并通过实地调查和测定发现，库姆塔格沙漠羽毛状沙丘的风沙地貌特征表现为：由单个的新月形沙丘前后相连，构成了东北—西南走向的沙垄，沙垄间距 100 ~ 2000 米，这些沙垄可喻为羽毛状沙丘的"羽管"。沙垄间分布明暗相间并具有一定高差的沙带，形成了与沙垄斜交的"羽毛"。"羽管"和"羽毛"构成了独特的"羽毛状沙丘"。

构成沙垄的单个新月形沙丘轮廓清晰，其两翼平均长37.5 米，最大长度为 59 米，最短为 14 米，平均翼宽 17.2 米。沙垄之间为倾角小于 3°的微凹或微凸的起伏沙地，宽 60 ~ 200米。起伏沙地上分布着与沙垄接近垂直的明暗相间的沙带。暗带平均宽 24.3 米，最宽为

羽毛状沙丘

36 米，最窄为 15 米；亮带平均宽 11.6 米，最宽为 21 米，最窄为 6.8 米。暗带以表层粒径大于 1 毫米的暗色矿物为主，而亮带表层以粒径 1 ~ 0.25 毫米的长石等浅色矿物为主。

科尔沁沙地

科尔沁沙地位于内蒙古东部的西辽河中下游通辽市附近，是我国沙漠化最为严重的地区之一。科尔沁沙地面积大约 5.06 万平方千米，是我国最大的沙地。

科尔沁沙地原来是科尔沁草原，由于人们超载放牧，加上气候干旱，使得草原演变成了沙地。今天大部分草原都已沙化，成为科尔沁沙地，属正在发展的沙漠化土地，以风蚀沙地半固定状态为主。目前科尔沁沙地正以每年 1.9% 速度在发展。

国内外无数经验证实，开发过程，在很多地区是导致沙漠化的重要原因之一，但开发与沙漠化并非孪生兄弟，其间并不存在必然的因果关系。前苏联在 20世纪 50 年代的垦荒，曾造成严重问题，但随之投入巨大力量而制止了环境恶化，问题在于开发与补给的背离。在半干旱地区，无论是沙荒地还是天然牧场，如

科尔沁沙地

果没有补偿措施，一经开垦，土地即沙漠化。1958—1973 年，内蒙古曾经两次开荒，最终造成 133.3 万公顷土地沙漠化。科尔沁沙地因乱开荒造成 84 万公顷土地沙漠化；过度放牧和采樵也造成草场退化、沙化，植物遭到破坏，科尔沁沙地 89.8 万公顷土地因此而变成了沙漠。从古到今，科尔沁沙地的变迁史，给今人提供了许多经验教训，从中可以得到启示。

科尔沁沙地离海洋较近，受湿润气流的影响，平均降水量可达 300～500毫米。降水量多集中于 7～9 月，占全年降水量的70%～80%。

科尔沁沙地南部由于受海洋气团影响相对较大，降水量高于沙地中部。受蒙古冷高压和太平洋暖低压消长变化影响，当地冬春季以西北风和偏北风为主，夏季以东南风为主。

科尔沁沙地东部和东北部有少量钙土分布，科尔沁沙地西部大兴安岭山前冲积扇上主要为栗钙土；科尔沁沙地南部黄土丘陵山地主要是褐土、黑垆土。沙质平原广泛分布，其中风沙土是主要土壤，按土壤分类，可分为：流动风沙土、生草风沙土和栗钙土型风沙土。风沙土是科尔沁沙地的基本土类。流动风沙土是风沙土中分布面积最广的。生草风沙土主要分布在科尔沁沙地的东部，翁牛特旗松树山的沙地油松林生长在此之中。它们可固定沙丘、沙地和丘间低平地，成土时间较早，土层较厚是草原植被长期作用形成的。大青沟沙地水曲柳林生长在此种土壤中。栗钙土型风沙土主要分布在科尔沁沙地西部和西北部，有钙积层和盐酸反应，有沙地榆树疏林分布。

对于科尔沁这片年轻的沙地，专家进行考察后，提出了治理对策，而且我国相关的部门也正在积极实施治理工作。专家建议，对于科尔沁沙地应采取三个策略：

其一，西辽河南部与教来河以东地区，气候湿润，降水较多，年均降水450毫米左右，丘间滩地面积较大，低湿地较多，植被组合复杂而茂密；在东部边缘的西辽河与东辽河汇流地区，水热、土地、生物等资源十分充足，是农林牧的高效生产区。今后应对土地利用进行更科学的合理规划，加强自然保护，并营造防护林，或进行草田轮作，增加牧业生产比重，使农、林、牧更有效地结合起来，促进全面综合发展。在西部，广大坨甸地区，适宜耕种的土地较少，只能利用一小部分作为农业用地。总之，教来河以东沙地，除东部边缘外，其余地区粮食作物种植面积不宜过大，并营造防护林，增加植被。对流沙要尽快采取植物治沙措施或栽植防风固沙林加以治理。

其二，西拉木伦河南部与教来河以西地区。这里气候逐渐干旱，年降水量300毫米左右，流沙面积增大，沙丘间滩地数量少，面积小植被覆盖率较低，由光沙蒿、乌丹蒿等沙生半灌木群落及一年生的先锋群落组成最基本的植被类型，灌丛和疏林都不发达，仅在老哈河以东有一些榆树疏林分布。沙地占科尔沁沙地总面积的20%，其中流动沙丘占7%，半固定沙丘占7%，固定沙丘占6%。本小区生态环境脆弱，风沙危害较重。今后发展方向应以牧为主，林牧结合；对固定沙丘和甸子地草场进行轮牧，严禁滥垦、滥牧；对水土条件较好的土地进行围封，建立草库伦、基本草牧场和稳定高产的粮料基地；对流动和半固定沙丘进行人工补播和飞播沙生植物，并栽植灌木和乔木；选择适宜地段，营造以锦鸡儿为主的灌木饲料林柳灌等经济林和杨柳用材林；逐步形成乔、灌、草结合，带、网、片配置，建立林牧经济区，达到治理沙害、发展生产的目的。

基本小知识

锦　鸡

　　锦鸡是一种雉科动物，在我国的大部分地区都有分布，并且是国家二级保护动物。

　　其三，老哈河与教来河的中上游地区，基质转为黄土丘陵区，水土流失较严重。沙地面积不大，约占科尔沁沙地总面积的1%。因受东南季风的影响，降水较多，气候比较温和湿润。河谷滩地可作农业用地；陡坡应种草植树。科尔沁沙地北部，即大兴安岭东南侧山前的低丘漫岗及西拉木伦河、查干木伦河、乌尔吉木伦河、呼虎尔河、霍林河等洪积平原上的沙地治理，应从这里的自然条件出发。该区地带性土壤为暗栗钙土，草原植被为优势群系，灌丛化草原为常见群落，大都已开垦为农田，沙丘多集中于河流中下游一带，沙地面积267万公顷，占科尔沁沙地总面积的53%，其中流动沙丘占5.5%，半固定沙丘占20%，固定沙丘占27.5%。从治理角度，此区可分东、西两个小区。在西半部，即西拉木伦河与新开河西北部沙地，占科尔沁沙地总面积的42%，其中流沙占5%，半固定沙丘占15%，固定沙丘占22%。这里的天然草原是良好牧场。今后应加强基本农田和草原建设，对不合理的耕地，应退耕还林还牧；对退化的沙化草场，采用围封和人工种植优良牧草，逐渐恢复草场生产力；对现有森林资源应加强保护和抚育，同时要建立农田、牧场防护林、防风固沙林、水土保持林，因地制宜营造薪炭林和灌木饲料林，逐步扩大森林覆盖率，发挥其综合效益。

热情好客的蒙古族同胞

在科尔沁沙地地区，生活着很多蒙古族同胞。蒙古族是一个热情好客，讲究文明礼貌的民族。当草原上来了客人，不论相识与否，见面总是先问："赛百奴！"（您好）。随后，主人热情地接待你到蒙古包里坐，叙谈中就以奶茶、奶制品和油炸面食招待。客人告别时，常常是举家相送，指明去路，并一再说："白日太！"（再见）。如果尊贵的客人在蒙古包里就餐过夜，或住上几天，主人将用"手扒肉"等食品款待你，席间还用哈达托着酒壶，用盘子托着酒壶和酒盅向你敬酒，这是表示特别的欢迎和尊敬。为了气氛欢乐和助兴，男主人或女主人手捧金杯唱起敬酒歌劝酒，使你喝好喝足，尽情欢畅！

蒙古族在迎送、馈赠、敬神、拜年以及喜庆之日，也常用献哈达这一礼节。对于长者和客人还有递鼻烟壶，这是蒙古族礼俗中的普通礼节。鼻烟壶是一个装鼻烟的小荚，样子像个小瓶，制作精巧。牧民把它视作珍品，经常佩戴着。陌生人相见，总是互行此礼表示尊敬。同辈相见，要用右手递壶，互相交换，略举鞠躬，然后互品对方的鼻烟。如果是长辈和晚辈相见，长者欠身递壶，少者应单膝下跪双手接壶，互品之后还回。递鼻烟壶是蒙古族人民对客人表示敬意和友好。一般在蒙古包里作客，好客的主人常常要行这样的礼节。

趣味点击　**盐碱沙漠**

盐碱沙漠是在一定的自然条件下形成的，其形成的实质主要是各种易溶性盐类在地面作水平方向与垂直方向的重新分配，从而使盐分在集盐地区的土壤表层逐渐积聚起来。

在蒙古族的习俗中，过去有很多禁忌。比如：骑马或坐车接近蒙古包时要轻骑慢行，进包时要把马鞭放在门外；入包后坐在右边；离包时走原路，待送行的主人回去再上车或上马。在蒙古包内，主人献茶，客人应欠身双手去接，睡、坐时脚不能伸向西北方。平素不宜用烟袋或手指指人头，不能在火盆上烤脚。还有包里若有病人，便在门外右侧缚一条绳子，一头埋在地下，表示主人不能待客，来者就不应入内等。

🧭 巴丹吉林沙漠

巴丹吉林沙漠位于我国内蒙古自治区阿拉善右旗北部。

巴丹吉林沙漠气候干旱，流动沙丘占沙漠面积的 83%，移动速度较慢。中部有密集的高大沙山，一般高 200～300 米，最高的达 500 米。以复合型沙山为主，系西北风的影响所致。高大沙山的周围为沙丘链，一般高 20～50 米。沙丘和

巴丹吉林沙漠

沙山上长有稀疏植物，西部以沙拐枣、麻黄为主；东部主要为籽蒿和沙竹，沙拐枣、麻黄等逐渐减少。

虽然气候极为干旱，但巴丹吉林沙漠内有着许多的湖泊。据统计，在沙漠之中，分布着很多湖泊，多以咸水湖为主。这些湖泊最深的可达水深 6 米以上。在沙漠的西部和北部，还有两个较大的湖盆，西部南北走向的古鲁乃湖，北部的拐子湖东西走向。此外，在沙漠中还有多处泉水涌出，水质清澈，甘甜可口，可供人、畜饮用。

在广阔的沙漠之中，除了漫漫的黄沙，星星点点的湖水，还有美丽的绿

古鲁乃湖

色，为沙漠平添了几分生命的痕迹。在沙丘的背风处，在沙丘的底部、湖岸边、泉水旁，生长着许多植物。湖岸边的芦苇、芨芨草等植物可供造纸，梭梭、柠条、霸王、籽蒿、胡杨、骆驼刺是优良的防风固沙树种，也是沙漠中动物的食物。沙葱是美味的菜蔬，莎草、莎米的果实可做面粉的替代品，沙拐枣的果实含有大量淀粉，可供多种用途，沙棘、白刺的果实富含维生素，可提取果汁、酿酒等。在沙漠之中还有多种药用植物，锁阳寄生在白刺身上，是珍贵的中药材，而肉苁蓉更有着"沙漠人参"的美称。

在这环境恶劣的沙漠之中，除了绿色的植物生命外，还活跃着许许多多的沙漠动物。它们已经习惯了那里的酷热、严寒与缺水，甚至身体的颜色也变得与沙漠相近。它们是沙漠中另一道流动的风景。

巴丹吉林沙漠虽然没有塔克拉玛干沙漠那么浩瀚，但是对它的探险活动却比较晚，直到2001年，人类才第一次横跨巴丹吉林沙漠。

知识小链接

沙 葱

沙葱属百合科多年生草本植物，茎叶针状，开白色小花，是沙漠草甸植物的伴生植物。它常生于海拔较高的砂壤戈壁中，因其形似幼葱，故称沙葱。沙葱可做各种佳肴，还有一定的药用价值。

人类首次穿越巴丹吉林沙漠的壮举是由我国内蒙古自治区阿拉善右旗的一个牧民完成的。他的名字叫徐守虎。

徐守虎6岁时，阿爸就将他扶上驼背，带着他在巴丹吉林沙漠里放牧。

后来，家里买了车，他学会了驾车，每年搭载旅游者进出巴丹吉林沙漠腹地 10 多次，因而练就了绝好的沙漠驾车技术和识路本领。正因为如此，2001 年他被选为创造人类首次穿越巴丹吉林沙漠吉尼斯世界纪录的向导。

说起那次创纪录，徐守虎津津乐道：那是 2001 年 3 月，我们一行 16 人分乘 5 辆汽车、4 辆摩托，从额肯呼都格镇出发，终点为中蒙边境的雅干，全长 900 多千米，历时 1 个多星期，终于完成了人类的这次创举。

"沙漠人参"——肉苁蓉

徐守虎说："虽然我经常进出巴丹吉林沙漠，可跑这么远的路还是第一次。途中，我们多次经历了沙暴、车辆抛锚等困难，但我们都一一克服了，这主要靠的是大家的勇敢。这也是我参加人类首次穿越巴丹吉林沙漠最大的收获。"

这次经历使徐守虎成了旗里的"名人"。现在，只要有人到巴丹吉林沙漠探险或旅游，首选的向导就是徐守虎。

腾格里沙漠

腾格里沙漠在内蒙古自治区阿拉善地区的东南部，介于贺兰山与雅布赖山之间。大部分属内蒙古自治区，小部分在甘肃省和宁夏回族自治区。沙漠内部有沙丘、湖盆、草滩、山地、残丘及平原等交错分布。沙丘面积占 71%，以流动沙丘为主，大多为格状沙丘链及新月形沙丘链，高度多在 10 ~ 20 米。

湖盆共 422 个，半数有积水，为干涸或退缩的残留湖。

腾格里沙漠形成的两个主要原因，就是干旱和风。加上人们滥伐树木，破坏草原，使土地表面失去了植物的覆盖，沙漠因而形成。

腾格里沙漠气候终年为西风环流控制，属中温带典型的大陆性气候，降水稀少，年平均降水量 102.9 毫米，最大年降水量 150.3 毫米，最小年降水量为 33.3 毫米，年均气温 7.8℃。风沙危害为主要自然灾害，但光热资源丰富，发展农业具有潜在优势。

腾格里沙漠

腾格里沙漠中还分布着数百个存留数千万年的原生态湖泊。站在腾格里的达来沙丘，你会惊奇地发现一个奇异的原生态湖泊。这就是腾格里沙漠中的达来月亮湖。据检测，月亮湖一半是淡水湖，一半是咸水湖，湖水含硒、氧化铁等多种矿物质微量元素，且极具净化能力，湖水存留千百万年却毫不混浊。虽然年降水量较少，但湖水不但没有减少，反而有所增加。

腾格里沙漠除了著名的月亮湖，还有一个风景秀丽的湖泊，这就是天鹅湖。天鹅湖位于内蒙古自治区阿拉善盟阿拉善左旗（巴彦浩特镇）境内，地处腾格里沙漠东部边缘。天鹅湖与月亮湖南北相距 35 千米左右。天鹅湖四周是浩瀚的沙漠，沙丘起伏，沙涛滚滚，景象宏伟壮观，令人心旷神怡。天鹅湖和月亮湖

月亮湖

一大一小，是腾格里沙漠湖泊中一对出众的姐妹花，她们相互衬托，各具魅力，吸引了大批游客。

除了月亮湖和天鹅湖，腾格里沙漠内的大小湖盆多达 422 个。这些湖盆呈带状分布，水源主要来自周围山地潜水。湖盆内植被类型以沼泽、草甸等为主，是沙漠内部的主要牧场。沙漠内部的平地主要分布在东南部的查拉湖与通湖之间。沙漠中的湖盆边缘已有小面积开垦。人口密度较巴丹吉林沙漠大。沙漠腹部有

天鹅湖

查汗布鲁格、图兰泰、伊克尔等乡，居民点分布在较大的湖盆外围。沙漠边缘有通湖、头道湖、温都尔图和孟根等居民点，此外还有一些固沙林场。

腾格里沙漠内部无固定道路，因沙丘较小而居民点较多，东西通道常直穿沙漠而过。包兰铁路穿过沙漠东南缘。沙漠内部的查汗池、红盐池和屯池等盛产食盐。居民以蒙古族为主，经营畜牧业。

古尔班通古特沙漠

古尔班通古特沙漠在天山以北准噶尔盆地中央。盆地西部各山口有湿润气流进入，年降水量可达 70 ~ 150 毫米。冬季有积雪，沙漠内部植物生长较好，绝大部分为固定和半固定沙丘。植被覆盖度在固定沙丘上可达 40% ~ 50%，半固定沙丘上也达 15% ~ 25%，是良好的冬季牧场。

古尔班通古特沙漠由于紧邻中国的第一大沙漠塔克拉玛干沙漠，所以他的光辉常常被遮蔽了。但是古尔班通古特沙漠中的三大胜景却世界闻名，这就是乌尔禾风城、五彩湾和有"沙漠之梅"之称的梭梭。

乌尔禾风城又称"魔鬼城"，位于古尔班通古特沙漠的西南部。这里有着形状怪异的风蚀地貌。当地蒙古人将此城称为"苏木哈克"，哈萨克人称为"沙依坦克尔西"，其意皆为魔鬼城。魔鬼城不仅因为它特殊的地貌形同魔鬼般狰狞，而且源于狂风刮过此地时发出的声音犹如魔鬼般令人毛骨悚然，这种特殊的地质

古尔班通古特沙漠

面貌就是雅丹地貌。

远眺乌尔禾风城，宛若中世纪的一座古城堡，但见堡群林立，参差错落，给人以苍凉恐怖之感。魔鬼城是赭红与灰绿相间的白垩纪水平砂泥岩和由流水和风力雕刻形成的各类风蚀地貌形态的组合，有平顶方山、块丘、石墙、石笋、石兽、石人、石鸟、石鱼、石龟、石巷、石堡、石殿、石亭、石蘑菇……形态万千，变化不一。

据考察，约一亿多年前的白垩纪时期，这里是一个巨大的淡水湖泊，湖岸生长着茂盛的植物，水中栖息着乌尔禾剑龙、蛇颈龙、准噶尔翼龙和其他远古动物。经过两次大的地壳变动后，湖泊变成了间夹着砂岩和泥板岩的陆地瀚海，地质学上称之为"戈壁台地"。20世纪60年代，地质工作者在这里发掘出一具完整的翼龙化石，从而使乌尔禾风城蜚声天下。

乌尔禾风城地区奇石种类丰富，而且蕴藏量极大，除有动植物化石外，还有结核石、彩石、风凌石、泥石、玛瑙石、戈壁玉、方解石、结晶石、水晶石等。其中，河卵石状的五色植物化石、砂岩结核石、石英质彩石等在全国都颇有名气，特别是五色玛瑙质植物化石、砂岩结核石在其他地方尚未发现，绝无仅有，具有很高的考古、观赏、收藏价值。在起伏的山坡地上，布满着血红、湛蓝、洁白、橙黄的各色石子，更给魔鬼城增添了几许神秘色彩。

千百万年来，由于风雨剥蚀，这里的地面形成深浅不一的沟壑，裸露的石层被狂风雕琢得奇形怪状：有的呲牙咧嘴，状如怪兽；有的危台高耸，形似古堡。这里似亭台楼阁，檐顶宛然；那里像宏伟宫殿，傲然挺立。真是千姿百态，令人浮想联翩。

五彩湾是古尔班通古特沙漠中的另外一处美景，它位于新疆吉木萨尔县城以北100余千米处，由五彩城、火烧山、化石沟组成。五彩湾地貌起伏，奇峰怪石众多。五彩湾不但风光雄奇，而且还是一座天然宝库，储藏着丰富的石油资源和大量的黄金、珍珠、玛瑙、石英等20多种矿产。在沙漠植被地带还栖居着野驴、石鸡等珍禽异兽。

五彩湾

五彩湾是受风力剥蚀、流水冲刷等自然力作用形成的一座座孤立的小丘。早在侏罗纪时代，这里沉积了很厚的煤层。由于地壳的强烈运动，地表凸起，那些煤层也随之出露地表。历经风蚀雨剥后，煤层表面的沙石被冲蚀殆尽。在阳光曝晒和雷电袭击的作用下，煤层大面积燃烧，形成了烧结岩堆积的大小山丘，加上各个地质时期矿物质的含量不尽相同，这一带连绵的山丘便呈现出以赭红为主夹杂着黄白黑绿等多种色彩的绚丽景观。五彩湾的这些美丽的山包，其实不过是煤层燃烧后的一堆堆的灰烬。

五彩湾是由沉积了各种鲜艳的湖相岩层的数十座五彩山丘组成，像一座座诡秘的古堡，故又称五彩城。粗略估计，面积有十几平方千米。五彩城随着一天中太阳光线和昼夜的变化，其色彩也随之变化，充满诗情画意。五彩城早、午、晚三个时段所展现的姿态各不相同，给人留下的感觉也是不一样的。

基本小知识

侏罗纪

侏罗纪是一个地质时代，界于三叠纪和白垩纪之间，约1亿9960万年前到1亿4550万年前。侏罗纪是中生代的第二个纪，开始于三叠纪－侏罗纪灭绝事件。虽然这段时间的岩石标志非常明显和清晰，其开始和结束的准确时间却如同其他古远的地质时代，无法非常精确地被确定。

早晨，一轮红日从地面喷薄而出，此刻五彩城就像一个出浴的圣女，秀雅而多姿。几个高高耸起的山丘，裹匝着十几种不同的彩带伫立在晨曦之中。

中午的五彩城炽热如火，仿佛整个世界的阳光都聚集这里，山丘的色彩在阳光的威逼下变得淡化，仿佛一场熄灭了几万年的大火等待重新点燃。

黄昏，落日的余晖使那些本已淡化的色彩一下子强烈起来，五彩城也变得绚丽多彩。被晚霞描绘的天空就像一个温馨的彩罩，和五彩城融合在一起，使人恍若置身于美丽的梦境。夜色下的五彩城安祥而静谧，一览无余的星空下，五彩城浸润在一片如水的月光里，若隐若现的山头就像一片灰色的云烟，更增添了它的梦幻色彩。

化石沟是五彩城的又一盛景，化石沟中分布着壮观的砖化木林、各种树木种子的化石、果实化石及各种动物化石。这是由于化石沟所在区原为汪洋大海，岸边是茂密的原始森林，后来地壳几经变迁，大片森林和其他动植物被深埋地下，变成化石后复出地表，便形成了今天化石沟的面貌。

生长在古尔班通古特沙漠中的梭梭素有"沙漠之梅"的美誉。梭梭，古称"锁锁"或"琐琐"，是一种既独特又普通的灌木或小乔木植物。它耐干旱、耐风沙、耐严寒、耐盐碱，有着顽强的生命力，寿命可达百余年以上；它遍地生根、开花、结果，防风固沙，绿染大漠。

梭梭是树中的"窈窕淑女"。它的身高一般约在1~3米，成年的老梭梭最高可达5~10米，而它的腰围却仅有50~70厘米。就它这副干瘦如柴的模样，在为数不多的沙漠植物中，除了威武高大的胡杨，梭梭算是最为亭亭玉立和昂然挺拔的了。

初次目睹梭梭的人，一般是很难看到它的叶子的。为了适应沙漠生活，梭梭战风沙、斗严寒，在漫长的大漠旅程中已将叶子退化得极为细小，呈三角形。由于叶面极小，梭梭的光合作用已完全由瘦长的枝条所取代。每当春天来临，它的主干上就会萌生出许多幼嫩的细枝；到了冬季，梭梭的部分当年生的嫩枝就

梭 梭

会自然脱落，来年再生。这一看似可惜的牺牲，恰巧减轻了母体树干的负担，避免了招风惹沙、随时折腰的危险。

梭梭的枝条很多。一棵上了年纪的梭梭，你是数不清它有多少根枝条的。它光秃秃的枝条富有极强的柔性，任凭风吹沙打，生命依旧。

梭梭的枝条虽然是光秃秃的，但它也有光彩照人的时候。每年的八九月份，梭梭都会绽放出红白相间的美丽花朵。它的花长在又瘦又长的枝条上，一串串，一束束，毫不逊色于梅花。因此，人们便把梭梭誉为"沙漠里的梅花"。

梭梭的花一朵或两朵齐开，有规则地对称排列，呈现给人们的是穗状花序；它的花共有5瓣，有红有白，白里透红，红里渗白。梭梭之所以选择在八九月份开花，是因为这个时候的大漠

拓展阅读

特殊的"沙漠"

南极洲有着世界上最极端的气候，长久以来，这片大陆一直无人居住，因为那里实在太冷了。1983年，科学家记录下了那里的极端低温：零下89℃。南极洲是世界上最干燥的地方，同时也是最"湿润"的，说它湿润并不是因为其降雨量大，而是因为它98%的面积都被冰雪覆盖。南极洲每年的降雨量不足5毫米，因此它也可以称得上是"沙漠"。

风沙少而小，花瓣不会轻易吹落。于是，它抓住时机，趁势而上，让花瓣长得大而壮、厚而艳。

一般情况下，大多数开花植物，花开就会花落，但梭梭却不同寻常，在短短两个月的时间里，它使出浑身的劲儿，快速开花结果，并用花瓣严严实实地包裹着半圆球形的胞果，直至变花为壳、让果实成熟。梭梭成熟的果实挂在枝条上，一束就是一串，几串就是一把，在空旷而毫无生机的沙漠里显得极为耀眼夺目。

更为奇特的是，梭梭的花，其实也是果的背部，还长着一对横生的小翅膀。这对小翅膀紧紧连着半圆球形的胞果，就像孩童手中的陀螺。成熟的果实，借助外来之力的抽打，随风旋转到大漠的角角落落。它落到哪儿，哪儿就是家，生根发芽，繁衍后裔，守望一望无际的沙漠戈壁。

乌兰布和沙漠

乌兰布和沙漠在磴口县境内面积达 286.6 平方千米。乌兰布和沙漠生有干草、花棒、麻黄、锁阳、沙棘、梭梭等多种名贵药材和稀有植物。并有大小湖泊 200 多处，鸟类繁殖和迁徙地，有白天鹅等 100 余种鸟类栖息在湖中。大大小小的湖泊似一颗颗璀璨的明珠镶嵌在乌兰布和沙漠之中成为大漠中一大奇观，与沙海驼影、大漠落日和生机盎然的沙生植物、田园风光共同构成了大西北恢弘、神秘莫测的天然神韵。

乌兰布和沙漠东南部主要以流动沙丘为主，包兰铁路穿越其间；西南部为湖积平原，我国著名的吉兰泰盐湖位于其中；东北部区域是古代黄河冲积平原，因

乌兰布和沙漠

河床自西向东摆动，形成了低洼地、低湿地或积水成湖泊，曾是汉代著名的垦区。该区地表零散分布有 1 米高的白刺沙堆，沙丘间广泛分布有粘土质平地，是乌兰布和沙漠中条件最优越的地区，许多地方已成为种植区。沙漠地区属亚洲中部中温带干旱沙漠气候，干旱少雨，昼夜温差大，季风强劲。

新中国成立后，为保护黄河、农田、公路、铁路，劳动人民大力治沙，从磴口县 10 千米柳子至杭锦后旗太阳庙，营造了一条宽 300～400 米、长 175 千米的防风固沙林带，成为一道保护河套绿洲的生态屏障。沙区内也大搞植树种草，有效地控制了沙漠东移。沙区驻有中国林科院磴口县实验局、磴口县防沙林场、乌后旗西补隆林场、巴彦淖尔市治沙综合实验站。

早在 20 世纪 50 年代后期至 60 年代，中国科学院组织的沙漠考察曾在磴口县设点，为开展沙漠综合治理研究积累了大量资料，并在全国的沙漠治理与开发研究中处于领先地位。

中国林科院沙漠林中心自 1979 年成立以来，在乌兰布和沙漠东北部从事以林为主的区域生态治理与开发工作。1982 年起，先后在绿洲外围荒漠区，绿洲边缘区，绿洲林网中心区建立地面气象站 3 座。台站仪器配置按国家基层地面站规范执行。部分项目配备自动记录装置。目前有两个站一直连续工作，积累了大量的观测数据，建立了具有 40 多万观测数据的信息数据库。

乌兰布和沙区水热资源极为丰富，发展农牧林渔业的条件比较优越。平均年降水量 100～145 毫米，主要集中于 7～9 月；地下水相对丰富，潜水埋深一般在 1.5～3 米。沙丘本身的含水量即可满足沙生植物的正常生长需求。沙漠中有大小湖泊 200 多个，加之可利用黄河水自流灌溉，水利条件优越。热量、光照、无霜期均为内蒙古各大沙漠

猪毛菜

中最为优越的地区之一。

这里沙生、盐生、旱生植物并茂，主要生长着短花针茅、柠条锦鸡儿、康青锦鸡儿、甘草、苦豆子、沙蒿、蒙古革包菊、盐爪爪、短叶假木贼、红砂、球果白刺、泡泡刺、猪毛菜、沙葱、沙芥、沙棘、柠条、花棒、梭梭、肉苁蓉、锁阳、内蒙黄芪。尤以盛产驰名中外的王爷地甘草而受到世人青睐。

拓展阅读

沙漠化

沙漠化造成了土地无法耕种利用。造成沙漠化主要原因是由于自然的干燥因素和本可储水的土地经过气候变迁或人为过度的畜牧与耕种不存水不耐风寒作物造成沙漠化。

◆ 库布齐沙漠

库布齐沙漠是中国第七大沙漠，也是距北京最近的沙漠。沙漠的西、北、东三面均以黄河为界，地势南部高，北部低。位于鄂尔多斯高原脊线的北部，内蒙古自治区伊克昭盟杭锦旗、达拉特旗和准格尔旗的部分地区。

库布齐沙漠的形成以自然因素为主，人为因素为辅。据专家推测，库布齐沙漠的沙来源可能有三：①来自古代黄河冲积物；②来自狼山前洪积物；③就地起沙。鉴于库布齐沙漠的沙丘几乎全部是覆盖在第四纪河流淤积物上，因此，沙源来自古代黄河冲积物的可能更大些。不管是哪一种沙源，都为这里形成沙漠准备了物质基础。自商代后期至战国，气候变得干冷多风，使沙源裸露，并提供了动力条件。因此，可以说，库布齐沙漠应是在此期间形成的。这一时期古文化遗址的罕见，也说明这个时期的生态环境很恶劣。

库布齐沙漠气候类型属于温带干旱、半干旱区，气温高，温差大，气候干燥，年大风天数为 25~35 天。东部属于半干旱区，雨量相对较多；西部属于干旱区，热量丰富；中东部有发源于高原脊线北侧的季节性川沟十余条，沿岸土壤肥力较高；西部地表水少，水源缺乏，仅有内流河沙日摩林河向西北消失于沙漠之中。

库布齐沙漠东部地带土壤为栗钙土，西部则为棕钙土，西北部有部分灰漠土。河漫滩上，分布着不同程度的盐化浅色草甸土。由于干旱缺水，境内以流动、半流动沙丘为主。库布齐沙漠内的植被呈地带性分布，东部为干草原植被类型，西部为荒漠草原植被类型，西北部为草原化荒漠植被类型。

库布齐沙漠

库布齐沙漠地势平坦，多为河漫滩地和黄河阶地，宜于发展粮食作物和经济作物；中、西部条件较差地区可植树造林、封沙育草，发展畜牧。沙漠北部和东西两端紧靠黄河，条件优越。一级阶地与河漫滩高差很小，有的地段黄河水位高出地面约 10 余米。近 50 年以来该区内已建黄河南干渠 250 千米，引黄灌溉，已建设成为内蒙古重点产粮基地之一。

库布齐沙漠地带，有过辉煌的过去，更会有灿烂的明天。通过治理开发，有着被利用的广阔前景。

由于库布齐沙漠是距北京最近的沙漠，也是北京及周边地区沙尘暴的主要沙源之一。正是由于沙尘暴连续多次袭击中国北方地区，所以人们更加感到沙漠是个十足的"坏小子"。殊不知，"硬币还有另一面"，沙漠在破坏人类生存环境的同时，也给人类带来了可供开发利用的许多宝贵资源，所以人称沙漠浑身都是宝。且不说沙漠底下的石油、天然气和其他矿藏等这些真宝贝，单说沙漠里取之不尽、用之不竭并且害得人类好惨的大风也是宝。

库布齐沙漠里日日曝晒的强光，是宝；还有太阳能等这些天气气象资源，它们都是无价之宝。曾对世界很多国家开发利用沙漠资源情况进行长期考察的杨有林指出，美国等不少发达国家都在开发利用沙漠风能、光能和热能等天气气象资源上取得了成功。

沙漠化逆转

　　保持土地的湿润，加强土地的保湿，保湿度大于干燥度，应是沙漠化逆转的最关键因素。大量的水分来源与保持应为沙漠化逆转的关键。土地的保湿最有效法为水分的提供和储水耐风寒植物的耕种。

库布齐沙漠中充足的太阳能也成了主要能源之一。太阳能研究取得了巨大的成功。目前太阳能在民用取暖、热水供应或农产品生产应用等方面已十分普及，居民建筑都配置了太阳能供热装置，居民的生活热水、取暖、照明等大都能通过太阳能解决。农业生产中温室气温调节、灌溉系统和科研观测系统的用电多数已采用太阳能，太阳能还用于农业土壤消毒和病虫害控制。目前科研人员正在开发太阳能发电，已取得了初步成效。未来能源发展目标之一，也就是试图通过太阳能的成功开发来解决荒漠开发，特别是荒漠高技术的农业生产对能源的巨大需求。通过对荒漠地区太阳能充足这一优势的充分发挥，以进一步推进荒漠开发的深度和广度。

柴达木沙漠

　　柴达木沙漠位于青海西北部柴达木盆地之中，是世界上海拔最高的沙漠。柴达木沙漠是中国的第五大沙漠。柴达木盆地的沙漠面积大约3.49万平方千米，约占柴达木盆地总面积的1/3。

　　柴达木沙漠海拔2500~3000米，是中国沙漠分布最高的地区。它的干旱程度由东向西增大，东部年降水量在50~170毫米，干燥度2.1~9.0；西部年降水量仅10~25毫米，干燥度在9.0~20.0。盆地中呈现出风蚀地、沙丘、戈壁、盐湖及盐土平原相互交错分布的景观。沙漠与风蚀地面积为3.5万平方千米，其中流沙约占 70%，以新月形沙丘链为主；戈壁面积达 4.5 万平方千米。沙漠化面积大，分布较集中，类型较多。

随着气候的变化，人类活动的增加，沙区植被遭到严重的破坏，使原有的沙漠化土地面积不断扩大，河流水量日益减少，严重威胁正常的工农业生产和人民群众的日常生活，并将制约柴达木及周边地区的经济发展。

柴达木沙漠的沙丘分布比较零散，并多与戈壁交错分布于山前洪积平原上，其中比较集中的是在盆地西南部的祁曼塔格山、沙松乌拉山北麓等地，形成一条大致呈西北—东南向的断续分布的沙带。北部花海子和东部铁圭等地也有小面积的分布。沙丘多为流动的新月形沙丘、沙丘链和沙垄，一般高 5～10 米；高大的有 20～50 米。复合型沙丘链也有分布，但面积很小，固定、半固定的灌丛沙堆，则散布在洪积平原前缘地带。

柴达木沙漠

知识小链接

洪积平原

洪积平原是指干旱地区山前地带由一系列洪积扇不断扩大伸展组合而成的平原。其特征是地面倾斜，组成物质比较粗，与冲积平原常组成混合类型的洪积冲积平原或冲积洪积平原。

柴达木沙漠风蚀地貌发育广泛，占盆地内沙漠面积的 67%，主要分布在盆地西北部，东起马海、南八仙一带，西达茫崖地区，北至冷湖、俄博梁之间的范围内。那里由第三系的泥岩、粉砂岩和砂岩所构成的西北—东南走向的短轴背斜构造非常发育，岩层疏松，软硬相间。风向与构造走向一致，也是西北方向，强烈的风蚀作用形成了排列方向大致与风向相同的风蚀长丘和风蚀洼地。有一些褶曲隆起的穹形丘陵上，也广泛分布有这种风蚀地貌。

晴天丽日下的青海柴达木荒漠戈壁常常出现"海市蜃楼"奇观。戈壁滩上的沙丘在阳光和浮云的作用下不断变幻着颜色，周围"波光粼粼的湖水"中的倒影若隐若现、瞬息万变。

一条二十余米宽、七八米深的大土沟，沟底一条碧清的河流自南向北蜿蜒流过。这条河宽不过3米，但是水流很急，从岸上能够清楚地看到水中随波飘动的水草和河底的石块。大土沟向南延伸了数百米就分成了东西两岔，河水也分别来自两方。越往南走，河水越小，两岸沟坡上的泉眼越来越多。东边的土沟纵深大约不足一千米，正南方的一岔显得远一些，但相同的是沟的尽头便是河的源头。

济南趵突泉

有的一处拥挤着许多个泉眼，它们热烈地拥在沟底，不分你我地欢快喷涌；有的独自傲立坡头，汹涌澎湃地展示着自己的身姿；有的泉大水旺，看上去非常类似"泉城"济南闻名遐迩的趵突泉；有的则是涓涓细流，文静得几乎让人分辨不出是泉眼。由于泉水的涌动，随之冒出的细沙在泉眼周围形成了千奇百怪的形状。几汪大的泉眼，大概是源自不同的地层，带出的细沙色彩也各不相同，有的褐红，有的青灰，有的鹅黄，有的则显黑绿。它们周围还有无数的小泉在冒着气泡，仿佛从水底升起颗颗珍珠。

在一个拐弯处，细沙在河底形成一个人耳型的图案，整个耳廓饱满，中间向里凹进，显得惟妙惟肖；另一个大泉底部细沙的形状像一头大肥猪，身子圆鼓鼓的，黑色的蹄子隐约可见，还有一条细细的尾巴；一个有众多小泉包围的大泉喷出的细沙形成的图案不断变化，一会儿像和平鸽，一会儿又像娃娃脸；还有一个高帮大头皮鞋的图案，在鞋头和鞋跟处分别有一眼大泉。鞋头处的大泉不间断地冒着，周围的红褐色细沙形成一个圆形，就像天上的太阳。鞋跟处的是一眼间歇泉，泉水时冒时歇，红褐色细沙就像喷涌出的火山岩浆一样时断时续，形成大小不一的半圆形或月牙形，仿佛是夜空中的月亮。两眼泉交相呼应，形成一幅日月同辉的美妙图画。

柴达木沙漠的"间歇泉"

🔶 中国四大鸣沙山

鸣沙是一种大自然的奇迹。沙丘会伴随着外力的作用，发出不同的声音。有的好像丝竹管弦之音，有的如同钟鼓之声大作，随着地理环境的不同以及外力作用的差异，沙丘也在改变着自身的旋律。从 1000 多年前开始，就有人为这一奇异的现象寻找着答案，一些神秘的传说随之应运而生。这是一个困扰了科学家们长达十几个世纪的谜团。关于它形成的原因，一直众说纷纭。宁夏的沙坡头、甘肃的鸣沙山、内蒙古的响沙湾、新疆哈密的柳条河鸣沙山是我国的四大鸣沙山。

宁夏沙坡头是腾格里沙漠的南端。古语讲"到了沙坡头，白骨无人收"，说明其荒凉程度。沙坡头集大漠、黄河、高山、绿洲为一处，既具西北风光之雄奇，又兼江南景色之秀美。自然景观独特，人文景观丰厚，被旅游界专家誉为世界垄断性的旅游资源。沙坡头有我国四大鸣沙之一的百米沙山，这里可以乘坐古老的羊皮筏子漂流黄河，也可骑骆驼登沙山，穿沙海，还可沙浴。登临沙坡头高处，可将四周景观尽收眼底。

宁夏沙坡头景区位于宁夏回族自治区中卫市，主要保护对象为腾格里沙漠景观、自然沙尘植被及其野生动物。它地处腾格里沙漠东南缘，是草原与荒漠、亚洲中部与华北黄土高原植物区系交会的地带。植物有422种，野生动物有150余种，充分展示一个以亚洲中部北温带向荒漠过渡

宁夏沙坡头景区

的生物世界。该景区是中国第一个具有沙漠生态的特点，并取得良好治沙成果的自然保护区，是干旱沙漠生物资源的"储存库"，具有重要的科学研究价值。

沙坡头濒临黄河，属草原化荒漠地带，气候干旱而多风；该地区格状沙丘群由西北向东南倾斜，呈阶梯状分布，以沙漠生态治理与旅游圣地闻名于世。《中国国家地理》推出"中国最美的地方"宁夏沙坡头入选，同时又被评为中国十大好玩的地方之一，也有到宁夏不到沙坡头等于没有到宁夏之说。

这里有总长约800米、横跨黄河的"天下黄河第一索"——沙坡头黄河滑索，有黄河文化的代表——古老水车，有中国第一条沙漠铁路，有黄河上最古老的运输工具——羊皮筏子，有沙漠中难得一见的海市蜃楼。你可以骑骆驼穿越腾格里沙漠，可以乘坐越野车沙海冲浪，咫尺之间可以领略大漠孤烟、长河落日的奇观。

古老的水车

黄河南岸是一块三面环沙、一面靠山的半岛，这里地形优越，景观奇特，民

俗淳朴，资源丰富，可以在演绎中心观看具有异域风情的、民族特色的歌舞表演，可以住宿黄河塞上人家干农家活、吃农家饭、睡农家炕、享农家乐；滨河浴场可以体验母亲河的沐浴，秦代长城和陶窑在这里留下了千古不朽的遗迹。

沙坡头曾以治沙成果而闻名。包兰铁路在中卫市境内六次穿越沙漠，其中以沙坡头风沙最猛烈。为了保证铁路畅通，从 20 世纪 50 年代起，在铁路两侧营造防风固沙工程，包兰铁路沙漠段几十年来安然无恙。铁路两侧巨网般的草方格里长满了沙生植物，金色沙海泛起了绿色的波浪。这一治沙成果引起了全世界治沙界的普遍关注，不少外国专家慕名前来考察。

从银川市驱车南行 150 千米，在茫茫沙海之中，一片人造绿洲豁然展现在你眼前。这里蓝天白云，沙黄水秀，春季鲜花盛开，夏秋瓜果飘香，一年四季游人络绎不绝。骑上骆驼翻越一道道沙梁，让你领略沙漠各项奇异的景致；搭乘羊皮筏子，在湍急的黄河中顺流而下，那种惊心动魄的感受会给每一位游客留下终身难忘的印象。在风和日丽的日子里，当你爬上高高的沙丘，然后随着流沙顺势下滑的时候，巨大的轰鸣声震彻耳鼓——这就是享誉天下的沙坡鸣钟奇观。

"传道神沙异，暄寒也自鸣。势疑天鼓动，殷似地雷惊。风削棱还峻，人脐刃不平。"这首生动的咏景诗，是唐代诗人对敦煌鸣沙山奇观的描述。鸣沙山自古就以璀璨、传神的自然奇观吸引着人们。甘肃鸣沙山又称神沙山、沙角山，位于甘肃省敦煌市南 7 千米处，东起莫高窟崖顶，西接党河水库，东西绵延约 40 千米，南北宽约 20 千米，高达数十米。

甘肃鸣沙山

天地奇响，自然妙音——鸣沙山，面积约 200 平方千米。鸣沙山、沙峰起伏，处于腾格里沙漠的边缘。所谓鸣沙，并非自鸣，而是因人沿沙面滑落而产生鸣响，是自然现象中的一种奇观，有人将它誉为"天地间的奇响，自然中美妙的乐章"。当你从山巅顺陡立的沙坡下滑，流沙如同一幅一幅锦缎张挂沙坡，若金色群龙飞腾，鸣声随之而起，初如丝竹管弦，继若钟磬和鸣，进而金鼓齐，轰鸣不绝于耳。

自古以来，由于不明鸣沙的原因，产生过不少动人的传说。相传，这里原本水草丰茂，有位汉代将军率军西征，一夜遭敌军偷袭，正当两军厮杀难解难分之际，大风骤起，刮起漫天黄沙，把两军人马全都埋入沙中，从此就有了鸣沙山，至今犹在沙鸣则是两军将士的厮杀之声。

月牙泉

据《沙州图经》载：鸣沙山"流动无定，俄然深谷为陵，高岩为谷，峰危似削，孤烟如画，夕疑无地。"这段文字描述鸣沙山形状多变，其原因是流沙造成的。山体高达数十米，东西绵亘40多千米，南北纵横20千米，宛如两条沙臂张伸围护着鸣沙山麓的月牙泉。到了现代，对此进行了科学的探究和推测，观点较多，主要有三种说法：

第一种为静电发声说。认为鸣沙山沙粒在人力或风力的推动下向下流泻，含有石英晶体的沙粒互相摩擦产生静电。静电放电即发出声响，响声汇集，声大如雷。

第二种为摩擦发声说。认为天气炎热时，沙粒特别干燥而且温度增高，稍有摩擦，即可发出爆烈声，众声汇合一起便轰轰隆隆而鸣。

第三种为共鸣放大说。沙山群峰之间形成了壑谷，是天然的共鸣箱。流沙下泻时发出的摩擦声或放电声引起共振，经过共鸣箱的共鸣作用，放大了音量，形成巨大的回响声。

基本小知识

共　鸣

两个发声频率相同的物体，如果彼此相隔不远，那么使其中一个发声，另一个也就可能跟着发声，这种现象就叫"共鸣"。更有趣的是几乎随便什么容器里的空气（叫做空气柱），都会同发声物体共鸣。共鸣就是物体因共振而发声的现象，例如两个频率相同的音叉靠近，其中一个振动发声时，另一个也会发声。

鸣沙山由流沙积聚而成。其山沙垄相衔，峰如刀刃，远看连绵起伏如虬龙蜿蜒，又似大海中的波涛涌来荡去，甚为壮观。沙粉红、黄、绿、白、黑五色，晶莹闪光不沾一尘。如遇摩擦振动，便会殷殷发声，轻若丝竹，重如雷鸣，故"沙岭晴鸣"为敦煌"八景"之一。鸣沙山有两个奇特之处：人若从山顶下滑，脚下的沙子会鸣鸣作响；白天人们爬沙山留下的脚印，第二天竟会痕迹全无。鸣沙山 1994 年被定为国家重点风景名胜区。游客在这里，可以赤足爬山、滑沙、骑骆驼登沙丘，也可以滑板滑沙、跳牵引伞、滑翔伞，进行沙浴、沙疗，情趣盎然。

内蒙古响沙湾位于鄂尔多斯库布齐沙漠北缘，达拉特旗境内，距包头市以南 45 千米处，以沙漠景观和响沙奇观为主要特色。此外，还有沙湖、沙地绿洲、蒙古族风情等景观。这里沙丘连绵分布，景色壮观，嫩黄色的沙漠，一望无垠。响沙湾背依苍茫大漠，面临大川，沙丘高度110 米，坡度为 40 度，从沙丘

内蒙古响沙湾

顶部滑下，沙子会发出轰鸣声，形成著名的"响沙"奇观，是罕见的自然景观。骑骆驼沙海探奇则是另一种体验。

人们从呼和浩特到包头转包东高速可达响沙湾，南距包头市区 50 千米，

属于沙漠类自然风景区，为新月形沙丘链或格状丘地貌。1984 年 1 月，被内蒙古自治区辟为旅游景点，1991 年被国家旅游局列为国家级景点，2002 年被国家旅游局评定为 AAAA 级旅游景区。

响沙湾背依库布齐沙漠，面临罕台大川，又名"银肯"响沙，呈弯月状的巨大沙山回音壁缀在大漠边缘，是一处珍稀、罕见、宝贵的自然旅游资源。响沙湾神秘的沙歌现象吸引中外游客纷至沓来，人从沙坡滑下，沙响妙音春如松涛轰鸣，夏似虫鸣蛙叫，秋比马嘶猿啼，冬日则似雷鸣划破长空。关于响沙的成因众说纷纭，科学工作者进行过多次科学考察，得出的理论有筛匀汰净理论、摩擦静电说、地理环境说、"共鸣箱"理论等莫衷一是，响沙之谜还在探索中。

响沙湾融汇了雄浑的大漠文化，荟萃了激情的沙漠活动与独特的民族风情。拥有罕见而神奇的响沙景观，浩瀚的库布齐大漠风光，世界第一条沙漠索道，中国最大的骆驼群，中国一流的蒙古民族艺术团，有几十种惊险刺激独具沙漠旅游特色的活动项目。

游客可以乘坐沙漠观光索道，鸟瞰沙漠的壮观景象，滑沙与沙共舞，也可以骑骆驼、骑马、乘沙漠冲浪车，玩沙漠滑翔伞和沙漠太空球，近距离亲近沙漠。大漠深处独具特色的沙漠住宿体验，蜚声中外的"鄂尔多斯婚礼"表演，大型的沙漠歌舞晚会，大漠篝火晚会，原生态火文化表演以及敖包相会之祭敖包等特有的深度体验类活动将带游客亲密接触神秘的大漠，领略蒙古族别样的风情。

祭敖包

响沙湾民族艺术团排演的大型歌舞"鄂尔多斯婚礼"，融风俗、礼仪、服饰、歌舞、音乐于一体，寓情于舞，寓情于歌，充满吉祥、喜庆、热烈的气息，展示了民族文化的魅力。响沙湾每年都举办各类丰富多彩的活动："沙漠文化服装大赛及服装展"、"蒙古民族服饰魅力秀"、"沙漠摄影大赛及摄影展"、"模特大赛"、"沙雕艺术展"等多种文化活动及赛事，以及为游客安排的大型主题晚会、焰火晚会等活动精彩连连。

新疆柳条河鸣沙山位于新疆哈密地区伊吾县境内，地处巴里坤盆地东缘，海拔约 2010 米，沙山相对高度 35～115 米，南北长约 5 千米，塔水河和柳条河绕沙山两侧蜿蜒流过，大都作西北—东南走向，西坡缓、东坡陡。由于这里特殊的地理环境和温度条件的作用，当游人静卧沙上时，风动沙移，沙鸣声如泣如诉，如萧如笛，凄蜿低回。当游人做滑沙运动时，沙粒向下翻卷滚动，相互磨擦，声波振荡，沙鸣声如同飞机从空中掠过，隆隆作响。据说，在我国四大鸣沙山中，柳条河鸣沙山是地质特征最完整、沙鸣声最大的一座。

你知道吗

敖包

　　敖包就是由人工堆成的"石头堆"、"土堆"或"木块堆"。旧时遍布蒙古草原各地，多用石头或沙土堆成，也有用树枝垒成的，今数量已经大减。原来是在辽阔的草原上人们用石头堆成的道路和境界的标志，后来逐步演变成祭山神、路神和祈祷丰收、家人幸福平安的象征。

新疆柳条河鸣沙山

当地民间有一个传说：唐朝女将樊梨花带兵西征时，有一营女兵与敌人遭遇，战斗激烈，因众寡悬殊，全部阵亡。樊梨花率师赶到，大败敌兵，将女兵尸体全部葬在沙山上，阴魂不屈，常常从沙山底下传出厮杀呐喊声。人们根据这一传说，给这一景点取名"沙山藏营"。多年前，考古工作者从沙底发掘出古代兵器、马鞍、尸骨等。据说，这里是古代兵戎相见之地，曾有一将军率壮士五百，与匈奴血战，全军战死于此。

国外沙漠探秘之旅

　　世界上有许多浩瀚的沙漠，这些沙漠以其神秘的死亡气息吸引了大批的探险者。其中，世界第一大沙漠——撒哈拉沙漠更是迎来了无数跃跃欲试者。

　　黄沙莽莽，骄阳似火，尘土漫天，干枯的茅草呼呼摇曳，这是大多数沙漠中的景观，就是这极尽死亡气息的沙漠也挡不住探险家们的热情。他们以生命做赌注，毫不犹豫地踏上了这片死亡之地。

　　国外掀起了探索沙漠的热潮，那些无畏死亡的勇士们出征撒哈拉，独闯卡拉哈里沙漠。他们中有男人、也有女人；有职业探险家、也有植物学家、外交家；有徒步跋涉的，也有借助交通工具的。

　　不管怎样，他们都是勇敢的一批人，正是有了他们的存在，才会让我们更了解沙漠。

穿越卡拉哈里沙漠

里文斯顿

卡拉哈里沙漠位于非洲南部，面积约 25.9 万平方千米。一个半世纪以前，一位美国青年怀着对非洲这块"蛮荒"之地的好奇心，来到非洲南部探险考察，成为首次穿越卡拉哈里沙漠到达恩加米湖的第一个白人。他就是里文斯顿。

1840 年，一个年轻的传教士出现在南非地区，他一边传教，一边给人医治疾病，同时学习当地的语言，一待就将近 10 年。

1849 年，他决定北上，深入到非洲内陆地区。他的第一个目标，就是穿过卡拉哈里沙漠，到恩加米湖地区去。许多人对他这个行动不理解，一再劝他不要去。因为他选择的是一条完全陌生的旅途。白人对它一无所知，地图上也无标记，就连唯一知道路线的当地一位酋长，也没向他作丝毫的透露，还把这条旅途说得根本不能通行，"连黑人也无法越过这片沙漠，更甭说别人了，它只能把人晒死，或者渴死。"然而，里文斯顿终归是一个意志坚强的人。

1849 年 6 月 1 日，是里文斯顿一生中最有意义的日子，它标志着他人生道路的转折，也标志他探险生涯的开始。这一天，天气晴朗，万里无云，他和他的朋友奥斯威尔心情特别激动。吃完早饭后，他们就带着几个随员、一辆牛车和几十头牛，毅然决然地出发了。目标早已确定，方向也已明确，往北，一直往北，绝不回头！沿途地形比较复杂，奥兰治河以南虽说以高原为主，但有河谷，有断崖，有森林，有丘陵。几天当中，他们时而跨河谷，时而爬断崖，时而穿密林，最后又越过巴曼瓦特的丘陵地带，才进入一望无际的沙漠。

基本小知识

高　原

海拔高度一般在 1000 米以上，面积广大，地形开阔，周边以明显的陡坡为界，比较完整的大面积隆起地区称为高原。高原与平原的主要区别是海拔较高，它以完整的大面积隆起区别于山地。

卡拉哈里沙漠南起奥兰治河，北到赞比西河的源流乔贝河。东接德兰士瓦高原和津巴布韦高原，西连纳米比亚高地，面积广阔，占据了博茨瓦纳的大部分地区。这里，90% 以上的面积为白沙所覆盖，除了稀疏的灌木丛外，几乎什么都没有。站在沙漠里，放眼望去，就像一片白色的海洋，宽阔平坦，一望无际。初到这里的人，乍一躺在沙漠里，无不被这又细又柔的沙子所惊讶，其感觉就像躺在厚厚的海绵上，格外的柔软和舒服。但是，它毕竟是沙漠，而且行走起来比别的沙漠更觉困难。沙层并不很厚，除马卡迪卡迪西有新月形沙丘外，其他地方很少有沙丘。但是由于沙粒很细，又极为干燥，一脚下去竟踩下一个深窝，有时几乎半截腿都会陷进去，两条腿必须同时使劲蹬和使劲拔，才能行走。牛在这里也使不上劲，牛车常常被陷。

里文斯顿和他的朋友开始很不习惯。他们像婴儿学步似的，只能迈着小步慢慢前进，还必须由随从在一旁搀扶着。有几次，里文斯顿跨的步子大了。前脚已经深深地陷进沙窝，后脚却还未拔出沙窝。他身子往前一倾，后腿猛一使劲，竟拔掉了靴子，回身还得再掏靴子。有时用劲不当，上半截身子不是朝前倒下，就是向后坐下来。这样，常常走不了几十米，就累得浑身大汗。

沙漠的夏天早已过去。这会儿虽说是冬天，白天仍然很热。整个沙漠就像个烘干机，头顶太阳暴晒，地面烤得烫人。采一片灌木叶，拿在阳光下，一会工夫就变成干的，轻轻一揉搓就成了粉。里文斯顿一行人，凡是身上裸露的部位，都开始脱皮。尽管这样，人们还热得直想把衣服都扒下来。这时向导建议，衣服不仅不能脱，还要穿严一些，这样不至于全身脱皮，还可以减少体内的水分被蒸发，防止虚脱。大家也觉得向导的话有道理，但难受时还免不了发牢骚。后来他们摸着了规律，改在早晨和傍晚赶路，感觉稍微好了一些。

5 天过去了，还没有进入沙漠的腹地，水却成了大问题。出发时差不多已经喝完了。现在不仅人需要找水，还有几十头牲口。牛的饮水量虽不及骆驼，但比人大得多。再说牛不如骆驼耐旱。幸好这片沙漠是个盆地式的（亦称卡拉哈里盆地），有些地方沙层底下有渗水，不像撒哈拉沙漠那么奇缺，但必须学会在沙漠里取水。如果没有耐性，乱挖一气，那将是欲速则不达，甚至会把水白白放跑。有一天下午，他们偶尔发现附近有一个小小的水滩。在向导的指导下，他们用铁锹从渗出水来的低凹处往下挖，挖到两米多时，触到下边一个坚硬的沙层。向导忙止住他们，不让再往下挖了；如果再挖，就会把硬沙层捅破，造成水的流失。于是他们耐心等待湿沙层里的水慢慢往外渗，几小时后竟也渗出一小潭水。但这一小潭水是很有限的，要使几十头牛都喝好根本不可能。没办法，只好忍痛丢掉大批牲口，只留下几头替换着拉车。

然而，这并未从根本上解决用水问题。往前去，沙漠还不知尽头，越往深处，水源越不好找。这时，当地人说的沙漠里一天曾晒死、渴死一头牛的情景，又浮现在大家的眼前，谁都怕落到那头牛的下场，真是又急又愁又怕。

第二天，一头牛倒下了，大家连推带拉，怎么也起不来。里文斯顿想，无论如何不能再这样下去了，必须千方百计找水。为此，他让大家在周围附近的地方找小水滩，但花了整整 4 个小时，一个也没找到。正在沮丧之际，奥斯威尔突然发现前边不远处好像有头狮子。他喊了几声之后，就拿着枪追过去，想打死狮子喝血吃肉。其他人都在原地高兴地等着。谁知半个小时后，奥斯威尔却带回一个女人。这女人是布须曼族人，过着游牧生活。她看眼前一个白人带着几个黑人，心里挺害怕，以为把她捉来要当黑奴贩卖。里文斯顿一再用话安慰她，说明他们没有恶意，只是想请她帮助找到水源。后来虽然找到了水源，但少得可怜。还不如几天前挖的那个小水潭，只能小心谨慎地解解渴而已。随后他们又上路了，继续在这片奇特的沙漠里艰难跋涉。

12天之后，他们终于看到了希望。前边出现了大片的绿色，那是一片沼泽地带的边沿，长满了野草和灌木丛，也有一些乔木。估计这儿离湖不远了。饮过水后，大家顿觉全身清爽了许多。稍歇息片刻，就又在向导的指导下朝着西北的方向前进。经过一个盐湖，又沿象牙河岸溯流而上。最后到达了盼望已久的恩加米湖，里文斯顿胜利完成了他的探险生涯的第一步。

穿越沙漠的成功，极大地鼓舞了里文斯顿，使他进一步坚定了自己的信念。此后在漫长的岁月里，他又先后在南非、东非和中非，进行了多次探险考察：他横穿了非洲的大陆，连接了东西海岸的路线，再一次探索了赞比西河及其支流，发现并命名了维多利亚大瀑布；发现了姆戚鲁湖和坦噶尼喀湖等。里文斯顿的活

维多利亚大瀑布就是由里文斯顿发现并命名的

动，打破了非洲的沉默，激发了外部世界对这块"黑色大陆"的兴趣。他的活动和业绩，受到了美国乃至欧洲及非洲一些国家的赞誉，尤其是他那勇于探险、百折不回的精神，永远留在人们的心里。

基本小知识

乔 木

有一个直立主干、且高达6米以上的木本植物称为乔木。它树体高大，具有明显的高大主干。又可依其高度而分为伟乔、大乔、中乔、小乔等四级。

▶ 醉心于沙漠的迷幻

一提起沙漠，似乎都是白茫茫的一片，没有绿色，没有生命，没有水源。有的只是炙热、干旱，空旷寂寞，或者死亡。

这里却不一样，它是卡拉哈里沙漠中一条古河道演变而成的"幻谷"地带。两面尽是沙坡，沙坡上面长满了野草和荆棘，顶上覆盖着树丛。这里虽不像别处沙漠地带那样特别干旱，但年降水量仅在 20 毫米左右。植物为了争抢水分，把它们的根一直扎进沙漠的深层，竟也起到了防风固沙的作用，从而控制了沙丘的流动。

有植物就必然有动物。狼、狮、虎、豹、山猫、羚羊、野狗、蜥蜴、飞鸟、昆虫等，种类不少。其中有些动物在地球上已极为罕见，所以它们的生活习性、内部关系、繁衍生息，就像迷幻一样奥秘无穷，吸引着四方游人。

1974 年初，马克和欧文乘飞机到博茨瓦纳首都哈博罗内。经向有关部门和朋友了解，他们选择了卡拉哈里沙漠的"幻谷"这一人迹罕至的地带，作为探险考察的地区。在此之前，他们对这个地区一无所知，及至一连串的险情和趣事发生后，他们才惊奇地发现，自己已和这个地区的诸多动物竟"共卧一床"了。

在这里，他们发现了一种似熊非熊的奇异动物，跟踪观察了几年时间，并和它们结下了不解之缘。

一天晚上，夜色茫茫，万籁俱寂。他们在外出考察返回途中，突然发现一对绿中显红的大眼睛，冲着汽车的灯光在闪动着，那动物的体形极像熊，全身长着长毛，头大目扁，但臂很短小，尾巴却很长。这种动物当地人也从未见过。他们只好顺着动物王国的历史上溯，推论出可能是棕土狼——一种在地球上濒于绝灭又鲜为人知的动物。这就引起欧文和马克的极大兴趣，他们当即决定，把这种动物作为这次考察研究的首要任务。从此，他们几乎天天晚上驾车出去探寻考察。灯光下，别的动物随处可见，唯独棕土狼极少见到。偶尔也瞥见过那忽闪着奇异光芒的眼睛，但很快又消失在黑暗之中。

棕土狼成了他们心中的一个谜，一个令人费解却又舍不得放弃的谜。但功夫不负有心人，在后来的 10 个月内，他们曾不止一次地发现了棕土狼。这种动物多是单个出入沙漠丛林，也有时结群而行；它们主要吃腐尸，但有时也群起拦截较大的动物。马克和欧文在见过多次之后，就逐渐不感到陌生了，甚至还觉着它们神秘而可爱。直到圣诞节之夜，他们还开车出去，继续寻找他们可爱的"朋友"。

棕土狼

天很黑，沙漠坑坑洼洼，且遍地草丛灌木，车行驶在上边颠簸得厉害，很难跑得起来；有时被别的动物所迷惑，很费劲地拱上沙坡的腰间，就再也上不去了，只得又下坡。忽然，东边不远处有小动物在跑动。他们把灯光打过去，发现约百十米远的地方，一只棕土狼正睁大祖母绿眼睛，朝小动物奔跑的方向望着。

微风拂过草丛，飘来一股生羊肉的腥味。那些小动物原来是 10 多只豺狼，向前跑一会儿，又停下朝棕土狼的方向看看，似惧怕又像留恋什么，这时，汽车朝前又拱了一段，已能看清棕土狼母性的特征，马克和欧文坐在车上静静地等着，而棕土狼似乎也在观察着动静。大概是当它感到没有什么威胁了，才小心翼翼地朝前走了约 20 米，撕啃起一只羚羊的残尸。马克和欧文这才明白了刚才腥味的来源和那些豺狼们的企盼。在返回的路上，他们又发现前额上有一块白色的棕土狼，从一堆灌木丛中钻出来，跟在车的一侧走了老长一段路。马克、欧文高兴地见到他们的这位"朋友"，认可了他们在卡拉哈里沙漠的存在。他们给它起名叫"小白星"。

这一夜，是个不眠之夜。围绕棕土狼，特别是"小白星"的出现，他们谈论到天亮，竟无一丝睡意。更叫人惊奇的是，当他们匆匆用完早餐，出发向北去的途中。"小白星"突然从200米以外的丛林中出来，径直朝着他们走来。由于身上带着自卫武器，他们并不胆怯。便站在原地等着。"小白星"终于走近了，它貌似狗熊，眼睛湿润，满脸伤疤，身上毛发极不整齐，像是昨夜同什么动物搏斗过。现在却可怜巴巴地把嘴伸向欧文，像是要东西吃，也像是求救。马克不失时机地连着拍了好几张照片。

作为目前他们发现的唯一稀罕的动物，棕土狼仍然是个谜。从近几个月所能获得的研究报告看，都认为棕土狼个性孤僻，独来独往，专食腐尸为生。但近一年的跟踪观察，他们发现这种奇异的动物也有群体关系，有时还成群结队地围捕一些大的动物。这又是什么原因呢？他们还需要做继续的考察。

知识小链接

棕土狼

棕土狼，体长80厘米，肩部高而臀部低；从头后到臀部的背中线具有长鬣毛；全身棕色，但体侧和四肢均有棕褐色条纹；尾长30厘米，尾毛长而蓬松。分布于非洲西海岸和南部。棕土狼一般晚上出来寻食。

气候依然干燥炎热，年底这里正是盛夏。由于缺雨，一二尺到半人高的草已经发干，由绿渐黄，又由黄变白。这对马克和欧文无疑是一个严峻的考验。钱已经不多了，食品也得节省着吃。几个月前的一场大火，吞噬了大片的草丛和树木，也烧毁了他们一些装备和衣物。人虽无大伤，但已很虚弱，体重均下降了不少。后来，德国的一位朋友，携带妻子、女儿乘飞机前来看望他们，才使他们久旱逢甘雨似的获得了新的希望。

丛林沙漠中，有苦恼也有欢乐，尤其对探险观察者来说，更多的是欢乐、是欣慰。马克和欧文在这里很少感到寂寞。

1975年雨季开始时，马克驾车外出买东西，往返需好几天。这期间，一些狮、豹、豺狼，以及棕土狼和蜥蜴，竟相继到帐篷来做客。弄得欧文哭笑不得，尽管它们并不伤害他。还有一天晚上，7头狮子悄悄窜到帐篷外，用牙齿和前爪拼命摇曳着帐篷，像是故意和帐内的人开玩笑。直到马克的卡车由远而近，它们才钻进河床对岸的树林。

3 年以后，"小白星"已经 11 岁了。马克和欧文利用无线电仪器的操纵。终于发现了"小白星"和小棕土狼的洞穴。又经过较长时间的观察，这种奇异野兽群体的秘密终于被揭开了。

原来，棕土狼这个族类也有着自己独特的内部关系和"风俗"。

沙漠中的豹

它们之所以构成群体，主要是为了抚养它们的后代。不论这个群体有多少母性，但每年只能有一只母棕土狼产崽，而所有的母棕土狼，当然也包括一些公狼，都必须给幼崽觅寻食物。这就使它们形成了群居和独居的混合体。

第二年，"小白星"因夜间出来觅食，不幸死于非命。马克和欧文担心幼崽会因断食而被饿死，一连好几个晚上，他们都躲在洞口附近进行观察，发现别的棕土狼不断来给幼崽送食物。奇怪的是，来送食物的都是幼崽的堂兄妹或表兄妹。像这样继养的幼崽，在这一带所有的棕土狼幼崽中几乎占 70%，这在动物界中实属罕见。

1980 年，马克和欧文准备回国了。临行前，他们坐着车在这生活了 7 年的"幻谷"又兜了一圈。他们最后一次寻找他们的棕土狼，当然也包括他们同时考察过的众多狮子。说实话，他们实在舍不得丢下这些可爱的生灵，尤其是棕土狼。它们给卡拉哈里沙漠增添了无穷的奥秘，使人流连忘返，醉心不已！

➡ 出征撒哈拉

人类对于撒哈拉的探险，初衷并不完全是为了征服这个世界上最大的沙漠，而是出于对通布图和尼日尔河流域宝藏的关心。撒哈拉南部地区的探险，就是从探寻尼日尔河开始的。

尼日尔河

在18世纪，关于撒哈拉南边的情况，人们几乎一无所知，这方面的资料非常有限，甚至没有人能够确切地知道那条传说中神秘的尼日尔河的源流在哪里？它又是怎样经过曲曲折折最终奔向何方？虽然说早在17世纪，欧洲人就知道了尼日尔河的存在，但此后相当长的时间里，没有人能清楚地解释关于尼日尔河的问题。有的论著认为，尼日尔河横越了非洲，与尼罗河相连，形成非洲最大的水脉；也有人认为，尼日尔河最终并非注入大海，而是反其道而行之——在非洲内陆的某个地区形成一个较大的湖泊。众说纷纭，各言其是。但谁也没有料到，这条河竟会与几内亚湾的大三角洲有联系。

1788年，英国伦敦的一座寓所里成立了一个"促进非洲内陆开发协会"，提出要有计划地开展尼日尔河流域及撒哈拉沙漠的探险活动。当时的英国著名探险家库克船长和科学家班克斯是"促进非洲内陆开发协会"的创始人。这天，他们几人围坐在班克斯家的客厅里，商讨着一个惊人的计划。

"各位都知道了，据说非洲的尼日尔河流域埋藏着无数宝藏，但迄今为止，我们对这条神秘的大河却一无所知。要解开这个谜，就必须派人去

库克船长

探寻这条河。我想，这也是我们'促进非洲内陆开发协会'的目的之所在吧，但是，由谁来完成这项任务呢?"班克斯叼着一支很有些历史的曲烟斗，在客厅里来回地踱着步。

壁炉里炉火正旺，发出"哗哗卜卜"的响声。长方桌边坐着的几个人，一脸严峻的模样。他们都是些身经百战，在探险界颇有声望的人物。库克船长是靠在太平洋领域的成功探险赢得探险界赫赫名声的。此刻，他正细细地品着手中的那杯朗姆酒，心里琢磨着探寻尼日尔河的最佳人选。这是协会的第一次探险计划，此行成功与否对协会今后的活动起到举足轻重的作用。从北而南穿越撒哈拉沙漠毕竟不是一件简单的事情，沙漠里气候恶劣，条件艰苦，还有剽悍的游牧部族……因此，这个人选不仅要有丰富的探险经验，还要有过人的智慧、精力和充沛的体力。

"约翰，发表一下你的意见吧。"库克船长朝坐在对面的约翰说道。

"库克，你要我说吗?"约翰停顿了片刻，接着说，"尼日尔河是在非洲南部，要找到它的确切位置，有两条路可走：一条是走水路，到达冈比亚后再上岸进行探寻，再一条就是往南直接穿越撒哈拉沙漠。当然，我们如果从水上走，可能驾轻就熟，但我认为，穿越撒哈拉大沙漠更富挑战性，打通这条道路，对将来发展与撒哈拉地区的经济贸易等会起到很大的作用。"

约翰一席话，给所有参加会议的人以很大的震撼。

库克船长一边听，一边频频点头："约翰说得在理。"

班克斯是非常了解约翰的。他知道约翰曾经和库克船长一道在太平洋海域进行探险，获得了极大的成功，是探险界的后起之秀。

"约翰，你是不是想做一个挑战者?"班克斯用征询的口吻问道。

"班克斯先生，这正是我的意愿。如果承蒙您和在座各位之意，安排我来做这一项工作的话，我将不胜荣幸。"

"难得你有这片心意，我想，在座的都可以提出候选人来，然后大家再进行表决。"班克斯说这话的时候，扫视了一下会场。

大家一致推举约翰为协会第一个去非洲内陆的探险者，同时确定了穿越撒哈拉沙漠的路线。

一个月后，约翰在索何广场向协会成员们作最后的道别。在一片祝福声中，他向送行的人们挥了挥黑礼帽，跳上马车出发了。

望着远去的马车，班克斯低声喃喃："愿上帝保佑你。"

班克斯的祈祷，不知道是祝福，还是出于某种不祥的预感。

约翰带着"促进非洲内陆开发协会"的重托，来到了文明古都——埃及开罗。法老们的金字塔迷倒了万千游客；狮身人面的斯芬克斯像，令人想起古希腊神话中斯芬克斯之谜。古希腊的文化与古埃及的文化有什么内在联系呢？文明古都的灿烂文化深深地吸引了约翰，但他无暇去顾及、考证这些历史，他要做的事情是要联系到能够与之同行、共同穿越撒哈拉沙漠的商队。

"请问先生，您为什么要去经历这千辛万苦，到撒哈拉的另一端？你既然不是去做买卖，也总该有些什么企图吧？"商队的首领对约翰孤身一人到撒哈拉南边去很是迷惑。

"我只是受人之托去寻找尼日尔河。"约翰有所隐瞒又不无诚实地回答道。

"去找一条河？"商队首领惊讶地瞪大了眼睛，"就为了找一条河，值得去跋涉这荒无人烟的大沙漠吗？"

"是的，也许您还不能理解，探险的价值就在于挑战和发现。"约翰说的是心里话。他希望借此机会确立自己在沙漠探险史上的地位。

"勇敢的年轻人，我很佩服您的胆识，我之所以愿意和您合作，完全是被您的这种精神所感动。您既然能抛弃荣华富贵，那又有什么做不到的呢？"商队首领终于接纳了约翰的请求，同意让他跟随商队去撒哈拉的南边。在那里，有约翰梦寐以求、奔腾不息的尼日尔河，还有那在传说中蕴藏着无限宝藏的通布图。想到这一切，约翰笑了，仿佛好事就在前头。

约翰跟着商队从埃及出发了。当他第一次见到"大漠孤烟直，长河落日圆"的壮观景象时，他陶醉了。柔软、细腻的黄沙在他的脚下涌动，回首望去，沙丘上留下了两行歪歪斜斜的脚印，使他更增添了几分快意：征服撒哈拉沙漠，探寻尼日尔河，一切都始于足下。但是好景不长，到达锡瓦绿洲后，约翰染上了斑疹伤寒，时冷时热，商队首领对此束手无策。到后来，约翰陷入半昏迷状态，每天只有很短的时间是清醒的。但他仍然无法忘怀"促进非洲内陆开发协会"赋予的重托，脑海里经常呈现出他从未涉足的通布图的景象，在炽热阳光照射下泛着耀眼光芒的尼日尔河。约翰意识到自己的生命即将结束。别了，库克船长；别了，班克斯先生。我约翰再也不能跟着你们走遍万水千山，不能完成协会的重托了。

约翰的脑海里又浮现出暮色中的索何广场，那灯是多么的耀眼，马蹄声是多么的清脆，泰晤士河又是多么的娴静。在幻觉中，他非常清晰地看到自己走在尼日尔河畔的夕阳下，所有的一切又是多么的美好，那真是一个温馨的梦乡……

"尼日尔河……通布图……"约翰断断续续地吐出了人生最后的话语，可惜已没有人能够听清他的话。撒哈拉的黄沙，尼日尔河的流水，通布图的宝藏，对约翰来说，将永远只是一个遥远的梦幻了。"促进非洲内陆开发协会"的首次探险计划就这样夭折了，但是，他们在挫折面前并不气馁，决定继续探险。

1790 年的一天，英国贫穷士官丹尼尔·候东来到"促进非洲内陆开发协会"，求见班克斯先生。

"班克斯先生，我看到了贵会的征募广告，决定应征前往。不知您是否能够接受我的请求？"丹尼尔·候东十分诚恳地说。

"很好，年轻人，你有这个决心是一件很值得赞赏的事，你是否可以谈一下你对夫南部探寻尼日尔河的计划？协会在通过你的计划后将为你提供这次探险的经费和一些设备。"

"班克斯先生，对于尼日尔河的探寻，我想走一条全新的路线。虽然对于撒哈拉沙漠的探险对我们来说是一件十分重要的大事，但我们的最终目的还是找到尼日尔河，找到传说中埋藏着巨大宝藏的通布图，并寻求在那里发展商业贸易的可能。"丹尼尔·候东抿了下嘴唇，又继续说道，"因此跨越撒哈拉只是手段，我们真正的目的是尼日尔河，是通布图。所以，我的计划是先走水路，到冈比亚河口登陆后再向内陆纵深地区寻找。从资料上看，尼日尔河流域跨越了热带雨林、热带草原和热带沙漠 3 个气候带，而通布图很可能就在尼日尔河流域的沙漠地带边缘。班克斯先生，我希望协会支持我的计划。"丹尼尔·候东滔滔不绝地向班克斯全盘阐述了他的计划和理由，并很快取得了"促进非洲内陆开发协会"的认可，成为约翰的继任者。

丹尼尔·候东乘船抵达冈比亚河口，在那里上岸。他作了周密的策划，认为再向东走一个月，即可到达通布图，对此，候东感到异常兴奋。他在冈比亚写了两封信，一封寄给远在英国的妻子，另一封写给了"促进非洲内陆开发协会"，报告自己的行踪。然而，这却成了他最后的信息。丹尼尔·候东再也没有回来。

没有人知道丹尼尔·候东是怎么失踪的，200 年来，这成了通布图的一个悬案。

时间飞快地流逝。1796 年，又有一位探险家找到了"促进非洲内陆开发协会"，提出了自己的探险计划。这位探险家不是应征而来的，他的探险活动完全出于自愿，他就是德国格特因大学的神学研究者霍勒曼。这位德国人在探险计划中勾勒了一个自北而南的行进路线：从埃及的开罗出发，向南方的墨尔苏奎挺进，然后再南下卡西那，穿越整个撒哈拉大沙漠，直取非洲南部的尼日尔河。

霍勒曼为了在探险行动中避免不必要的麻烦，特意花了一年的时间学习阿拉伯语，并且找到一支准备前往撒哈拉地区的商队。

霍勒曼和商队离开了埃及开罗。在这支队伍中，有霍勒曼和弗连坦布尔克以及商队的商人们。

商队经数日的旅行后，到达了锡瓦绿洲，这是前往撒哈拉沙漠中的一个主要休息地。此后不久，商队继续南下。霍勒曼随商队一起跨越了惠桑绿洲后，抵达墨尔苏奎。在墨尔苏奎，霍勒曼滞留了一段时间，他只身一人去了的黎波里，并把沿途所写的报告托人送回英国。在利比亚沙漠和撒哈拉沙漠中，霍勒曼拜访了许多沙漠部族的首领，非常诚恳地向他们请教，同时也收集了不少有关沙漠游牧部族生活习俗的资料。

经过一段时间的考察，霍勒曼又回到了墨尔苏奎，灾难再次降临。一直跟随在霍勒曼左右的弗连坦布尔克患上了可怕的热病，病情发展得非常迅速，几天工夫，弗连坦布尔克就病得不省人事了。

这天，昏睡了一个下午的弗连坦布尔克渐渐地醒了过来，他吃力地伸出手，抽动着嘴唇，喃喃地说道：

"霍勒曼，真对不起，我不能再陪你了。撒哈拉……真不可思议，你多保重。到尼日尔河……就告诉我一声。"

弗连坦布尔克让霍勒曼把他扶起来，他要再看一眼撒哈拉的容貌。

太阳向西边落了下去，一抹淡淡的晚霞在天边漾开。此刻的撒哈拉沙漠显得格外地柔静，仿佛无言地为弗连坦布尔克送行一般。

弗连坦布尔克的目光渐渐凝滞了，那指向远处的手无力地垂了下来。霍勒曼为他合上了双眼。

沙漠探险的代价是沉重的。弗连坦布尔克死后不久，霍勒曼也染上了严重的疟疾。几个月以后，他的身体才逐渐地好了起来。于是，他再次给"促进非洲内陆开发协会"写信，叙说了一个时期以来自己在撒哈拉沙漠中的遭遇，并表示病愈之后他将参加波奴商队，按原计划继续探险。

协会收到霍勒曼的这封信后，便再也没有他的消息了。

霍勒曼参加了前往卡西那的商队，向南方出发了。

撒哈拉沙漠的气候是炎热的，沙漠里的旅行是单调的。日复一日，霍勒曼对枯燥而单调的旅行有些厌烦了。当他在一望无边的沙海里跋涉的时候，抬头望着天空中仿佛是永恒挂着的太阳，无限渴望天边能飘来一片乌云，带来一阵暴雨，但这种希望是渺茫的。

1801 年的春天，霍勒曼终于穿越了撒哈拉沙漠，找到了沙漠南端的尼尔日河，但他仅仅对尼日尔河进行了一天的考察，就在卡波尼的小村庄里孤独地去世了，年仅 29 岁。

霍勒曼穿越撒哈拉沙漠的旅行，并没有给后人留下更多的文字记录，但人们并未因此而贬低他的探险价值。因为就其功绩而论，他毕竟是继古罗马人之后第一位跨越撒哈拉沙漠的欧洲人。

后来的探险家们沿着霍勒曼的探险路线行进，结果发现，霍勒曼是从波奴走过了撒哈拉沙漠，西进到卡西那，然后再往南行，抵达尼日尔河，并完成了他的尼日尔河一日之旅。

勇闯撒哈拉的女英雄

在众多的沙漠挑战者中，最引人注目的是荷兰的狄娜。她是在沙漠探险史上留下姓氏的唯一女性。狄娜1839年生于荷兰一个极其富裕、有权有势的家庭。她在年轻的时候便已成为一位巨大财产的继承人。由于良好的家境和教育，狄娜经常有外出旅行的机会。1863—1864年，她曾从喀土穆到巴拉尔加札尔旅行，后来又去过阿尔及利亚和突尼斯探险。在探险旅行活动中，狄娜表现出超人的毅力。作为一名女性，她付出了比男性更大的代价。

1869年初，狄娜受杜维里尔《北方的多亚雷古人》一书的影响，决定去撒哈拉沙漠探险。对于去撒哈拉沙漠的艰险，狄娜是有思想准备的。她认为男人们能做的事，女人也可以做到。这位30岁的荷兰妇女知道自己没有什么特别的优势，有的只是一种执著的追求。于是，狄娜勇敢地走进了撒哈拉沙漠。

在初始的几天，狄娜对撒哈拉沙漠的感觉只是一种单调，无边无际的黄沙与蓝天相连，这个世界好像除了她和两名护卫她到墨尔苏奎去的荷兰水手外，再也没有其他人了。渐渐地，狄娜习惯了沙漠旅行的单调和寂寞。她骑着骆驼，放眼欣赏那月牙般的沙丘，那波涛起伏的韵致。沙漠尽管是荒凉的，但与欧洲的繁华相比较，倒也别有一番滋味，狄娜甚至有些陶醉了。

然而好景不长。一天下午，沙漠的太阳依然是那么热辣辣的，从远方渐渐压过来一片灰暗的云层，转眼间便到了头顶，狄娜开始还以为遇上了好机会，老天要下雨了。然而，她马上意识到灰云的到来恐怕不是什么好兆头，因为视野的远处开始模糊。

"不好！沙暴来啦！"护送狄娜的一位荷兰水手大叫。话音未落，只见狂风挟着沙石，铺天盖地席卷而来。一刹那，太阳暗淡了，没有了天，也没有了地。这世界完全成为一个沙的世界了，就连有"沙漠之舟"之称的骆驼，在狂猛的沙暴面前也站不住。骆驼在背风的沙丘凹地上躺了下来，缩头缩脑的。狄娜趁机躲到了骆驼的背后，借此躲避风沙的狂吹猛袭。

　　一直到天完全黑下来之后，沙暴才渐渐地平息下来。四周寂静如初，偶尔有几声风的啸声。狄娜从骆驼后面拱出身子，黄沙几乎掩埋了她。狄娜向四周望去，看不到同伴的影子，她开始轻轻地呼唤他们的名字，半晌没有回应。她有些急了，如果失去这些同伴，自己很难在这沙漠里继续走下去。

　　终于，狄娜发现在离她30多米的沙丘上有两个黑色的影子。她断定那就是自己的同伴，便壮起胆子向黑影走去。黑影开始移动了。

　　"夫人，你在哪里？"一声呼唤，使狄娜激动得几乎流下眼泪，她知道他们还活着。

　　"杰克……杰克……"狄娜放开嗓门，她的声音在天穹中无限地扩散。好像是在汪洋大海中溺水的人看到了一线希望，她跌跌撞撞地朝同伴跑去。

　　这时，狄娜开始体会到无垠的撒哈拉沙漠的险恶。在那祥和的表象和柔软的流沙下，又有多少不测的风云。它完全可以在一瞬间致人死命，却又那么不动声色。多少人在这片广袤的沙漠中葬送了美好的生命，但沙漠的魅力就在于它的神秘莫测。

　　第二天又是一个晴朗的日子，湛蓝的天空下是一片静寂的黄沙，仿佛昨夜什么也不曾发生过似的。狄娜在深知沙漠的无常之后，心里虽有一点儿小小的害怕，却没有丝毫退缩的意味。既然有人到过这里，她也能来；既然男人能走过这万里长沙，女人又有什么不能走过的呢？

　　太阳从东方露出脸儿。狄娜和杰克一行3人用完简单的早餐，开始了新一天的旅程。他们的第一个目的地是墨尔苏奎，杰克他们的任务也就是把狄娜平安地送到墨尔苏奎。

　　终于，狄娜站在高高的沙丘上看到了墨尔苏奎城的轮廓了。那是一座不大的城市，当然，所谓城市，并不是我们今天的概念，那里只有一些土垒的房子和用杂木、茅草搭起来的棚子；那里有树，有水，有牲畜，也有男人和女人。

　　狄娜走在墨尔苏奎狭小的街道上，惊奇地发现这里不仅卖当地的土特产品，也卖欧洲贩运来的布匹、银器。街上偶尔有几个当地人牵着骆驼走过，驼峰一颤一颤，两边驮着沉重的包袱。

在经历了孤寂的旅行和风沙的袭击后，狄娜对眼前的一切感到振奋。她庆幸自己的勇敢，没有在经历了那个灾难之后打道回府，不然，怎么能想象在荒漠之后还有绿洲。

墨尔苏奎的人们对狄娜的到来也感到新奇。这位欧洲女人实在美丽无比，栗色的长发披过两肩，褐色的大眼睛明亮清澈，在黑色衣裙的衬托之下，肌肤显得越发白皙。当地人从来没有见过这种女人——另一个世界来的女人！

基本小知识

土 著

土著是指一个地方的原始居民。1993 年 6 月 18 日，在维也纳召开的世界人权大会举行"世界土著人国际年"大会，呼吁国际社会重视世界各国土著居民的存在，尊重其历史、文化和传统，并保障他们平等生存的权利。

狄娜不仅是第一个到墨尔苏奎的欧洲妇女，而且以她的美貌震动了墨尔苏奎。第二天，这个小城几乎无人不晓这里来了个欧洲女人。

狄娜对周围的一切具有敏锐的观察力。她对当地的土著居民进行了仔细的观察，并做了生动的描述。

狄娜和她的护卫在墨尔苏奎住了一些日子后，开始安排接下来的行程。

这一天，狄娜把杰克等人叫到她住宿的地方，对他们的护送表示了谢意，并付了酬金。

"夫人，我们在这里已经住了好几天了，是不是可以往回走了?"杰克问道。

"是啊。没有到这里之前，我们谁能想到在这四面沙漠之中，会有这样的城镇呢? 也许，后面还会有更令人惊奇的事情发生! 例如，通布图、卡西那，还有……"

"可是，那太遥远，太危险了。"不等狄娜说完，杰克就打断了她的话，"再说，我们也没有足够的准备啊。"

"杰克，如果你们认为该回去了，那你们就回去吧，我自己去。"狄娜心平气和地说道。

"那不可能，我们不能丢下您不管。"杰克有些急了。

"没关系，我会找向导的，或者找一个商队，跟他们一起走。"狄娜因为第一阶段的成功，更坚定了继续探险的决心。

杰克他们走了，狄娜开始物色新的旅行伙伴。但是那些来回于欧洲与沙漠地区的商队不愿意和她结队而行，理由很简单，因为狄娜是个女人。狄娜是个意志坚强的女性，凡是她认为要做的事情，就要坚决做到底。她没有因为商队的拒绝而气馁，她决定向当地的土著寻求帮助。

这一天，狄娜来到一位多亚雷古族酋长的住处，向他说明了来意。

"尊敬的酋长，在这漫无边际的沙漠之中，只有你们是守护之神，我希望能够得到你们的帮助，派出向导，指引我走到沙漠的那边。"狄娜谦恭地向酋长说道。

"夫人，你要知道，沙漠的条件是极其恶劣的，它不会因为您从欧洲远道而来给你丝毫的优惠。这天气说变就变，白天热得像火炉，夜里却冻得无法入睡，要我派人护送您走过这沙地，恐怕很困难。"酋长故作为难的样子。他知道在这撒哈拉沙漠里，要想独身一人走过去是很困难的，更何况是一个女人。酋长知道狄娜从欧洲来，欧洲有许多好东西，钱财珠宝都是他想要的，因此他故意刁难狄娜。

"酋长，我知道这是一件困难的事情，也正因为如此，我才到这里来请求您的帮助。"狄娜不愿得罪酋长，仍然委婉地向酋长请求，而她的继续请求，又正是酋长所希望的。

"尊敬的夫人，实在不是我不帮您的忙，只是我手下的人缺少装备，他们需要有足够的水和粮食，还有骆驼，这些都要花很多的钱啊!"

狄娜一听这话便明白酋长的用意。以狄娜的财产而言，酋长的这些要求根本不在话下，但眼下她却拿不出太多的钱财来满足酋长的贪欲。因为她带来的钱财在来墨尔苏奎的途中已经花了不少，她又给了杰克他们一笔钱，作为他们回荷兰的途中费用。

"酋长，如果是因为钱财的问题，那我可以告诉您，我身上带的已剩下不多，但请您相信，日后我一定会给你们双倍，甚至更多的报酬。"狄娜慷慨地向酋长许诺。

"夫人既然认为在金钱方面没有问题，我想我手下的人还是愿意为夫人效劳的。"酋长见目的已达到，也就不再坚持什么。

狄娜终于从墨尔苏奎出发，向南而下。3名多亚雷古人作为向导和护卫随她而行。在头两天的旅行中，大家相安无事。那几个多亚雷古人似乎都很勤劳，到夜晚宿营的时候，他们都很勤快地帮狄娜搬这搬那，其实是想窥视她所带的东西。

第三天清晨，太阳早早地露出了脸儿，3个多亚雷古人走进了狄娜的帐篷，其中一位满脸胡子的多亚雷古人用毫不客气的语气对狄娜说道："夫人，我们大家都很辛苦，你应该把你的珠宝分给我们大家!"

"你怎么可以这么说话呢? 你们所要的不是都给你们了吗?"狄娜感到有些意外。

"你给的东西都让酋长拿去了，我们可是没有捞到一点好处。既然我们3个跟你走了这么远的路，总不能没有一点好处吧!"多亚雷古人说道。

"可我现在也拿不出更多的东西给你们了。"狄娜耐着性子竭力劝说这几个多亚雷古人。

"那很简单，把你脖子上的项链拿下来，还有你所用的银制器皿统统交出来!"另一个多亚雷古人有些不耐烦了。

"银器可以给你们，但这条项链决不能给你们。"狄娜知道这些人可是什么事情都干得出来的。但要她交

拓展阅读

世袭酋长

酋长制度大都是世袭的。一般说来，世袭的方式有两种：一种是由父系相传，另一种是由母系相传。所谓父系相传，就是由儿子继承父亲的职位，这种方式在非洲广大地区一直十分流行。当然，在个别地方也实行母系相传的方式，即由外甥继承舅父的职位，例如在加纳中部和南部地区曾长期实行这样的作法。

出项链办不到，因为这条项链的价值不仅仅在于值几个钱，那是她母亲在她出嫁时送给她的一份充满爱心的礼物，在鸡心坠子的里面，镶嵌着她母亲的相片，她时时刻刻都把它挂在胸前，思念着她那已经去世的母亲。

"银器我们要，那条项链我们也要，你所有的东西我们都要!"多亚雷古人蛮横地说。他们开始搜翻狄娜的箱子，企图从里面找到他们所需要的值钱的东西。

"不! 你们不能这样!"狄娜见这几个多亚雷古人如此无礼，尖叫着冲了过来。多亚雷古人恶狠狠地把狄娜推倒在地，继续搜翻她的东西。

狄娜见无法阻止这帮多亚雷古人的野蛮行径，从褥子底下抽出一支大口径左轮手枪，"别动!"狄娜大喝一声，"你们这帮该死的土匪、强盗，再动一下，我就统统打死你们!"

多亚雷古人盯着黑洞洞的枪口，一下子全愣住了，他们没有料到这个女人还会这一手。他们知道欧洲火器的厉害，他们不愿成为枪下之鬼，却又不甘心已到手的财宝飞走了。双方就这样对峙着。

"好吧，我们走!"多亚雷古人最后悻悻地说。

看着多亚雷古人走出帐篷，狄娜赶紧收拾行李。她要尽快离开这个是非之地，逃离这些魔鬼般的多亚雷古人。

话说3个多亚雷古人慑于狄娜左轮手枪的威胁，逃出了帐篷，在沙漠里荡来荡去，越想越不甘心，又聚在一起，商量着他们的阴谋。

"一定要干掉她!"

"那支枪可厉害了!"

"我们总不能空手回去吧!"

"等她上路时，我们再打她个措手不及!"

当狄娜顶着炎炎赤日，牵着几峰骆驼，艰难地在沙丘上行进时，多亚雷古人悄悄地从沙丘背后袭来。

狄娜丝毫没有察觉，她对早上发生的事情仍然很气愤，全然没有心思观看四周的情况。突然间，狄娜觉得身子一沉，仿佛有什么东西拽了她一下，仰面一倒，便从驼峰上掉了下来。

狄娜定睛一看，那几个多亚雷古人紧紧地把她压在身下。她使劲地挣扎，但无济于事。渐渐地，狄娜失去了力气，被多亚雷古人给捆了个结实。狄娜只能叫骂：

"你们这些强盗！"

"夫人，你骂呀！你的枪呢？你不是要把我们统统打死吗？你打呀！"多亚雷古人取笑着，把骆驼上驮着的行李全部卸了下来，把所有的箱子、包袱都打开来，但里面除了一些书籍和狄娜换洗的衣服外，并没有太多的值钱货物。他们扔掉了所有的书籍、地图，把其他的据为己有。其中一个多亚雷古人忽然想起了什么，走到狄娜身边，一把扯下了她的项链。

"怎么样，夫人，它还不是归我们了么？"多亚雷古人用手指挑起项链，那坠子在狄娜的眼前晃动着。

狄娜痛苦地闭上眼睛。

"你不要舍不得了，你永远也见不到这玩意了！"多亚雷古人"嘿嘿"地奸笑了两声，从腰间拔出一支锋利无比的短刀，摁住狄娜的手腕，慢慢地割了下去。

"不，你们不可以的！"狄娜喊道。

"哦，我们不可以？我们是沙漠的主人，有什么事是我们不可以做的呢？哈哈哈……"多亚雷古人狂笑着。

"永别了，夫人！"多亚雷古人把短刀插回刀鞘，扬长而去。

狄娜看着天，太阳依然耀眼，天空还是那么蓝湛湛的。狄娜被捆绑得动弹不得，手腕上的血汩汩而流，她知道等待自己的只有死亡。在死神临近的时候，狄娜显得格外冷静，也不再做无益的挣扎，她对为时不多的生命特别珍惜。30年来，自己所做的无愧于生命，尤其是这趟沙漠之旅，让自己看到了世界的另一面，这里更多的是贫穷、愚昧和苦难，这里有的只是无尽的黄沙。

血不断地从伤口涌出，淌到沙中，立即被沙土吮吸干了，那一片黄沙被染成了红褐色。

"生命，请你不要离我而去，让我再看看这奇妙无比的大沙漠吧！"狄娜在心里默默地祈祷着，泪水从她的眼里涌出，慢慢地流了下来。

狄娜带着对生命的无限眷恋和对未知世界的无限追求，闭上了那双褐色的美丽的大眼睛。

远征撒哈拉

1880 年 12 月，法国政府组织了一支阵容强大的撒哈拉远征军，整支队伍包括 10 名士官、46 名士兵和 36 名土著人。他们将开往阿哈加尔东北部的广大地区，对那一方沙漠地域进行探查，向法国政府提供在当地建立基地的可行性报告。据说当地的多亚雷古人特别厌恶法国人，所以，这次探查工作不得不以远征军的形式去完成。

这支法国远征军达 92 人之多，加上他们带去的骆驼队，一支庞大的队伍浩浩荡荡地从奥尔吉亚出发了。他们走入撒哈拉沙漠不久就发现了一个问题，那就是要满足这支队伍的饮水越来越困难。

远征军开始从地中海南岸南下，经过比斯卡拉、瓦尔格拉和因沙拉，一路挺进。在沙漠中行军，饥饿与干渴经常折磨着这支法国人的队伍。多亚雷古人开始是用坚壁清野的办法想使法国人知难而退。但弗雷特斯上校不为所惧，坚持按计划好的路线向撒哈拉沙漠的腹地进军。他想，只要多亚雷古人不对他们进行袭击，那就随他们的便吧。

这一天傍晚时分，弗雷特斯上校的队伍到了阿哈加尔山脉南部的塔满拉塞多地区。

"第亚努，扎寨休息吧！"上校招呼。

就在这时，几个当地牧民打扮的人走了过来。其中一个个子较高的中年人看起来像他们的首领，径直走到上校面前，向上校致意。

"尊敬的长官，你们远道而来，辛苦了！我想，在这撒哈拉大沙漠中，你们一定缺乏甘美的泉水。"中年人谦逊地说道。

"是的。你说得很对，水源对我们很重要，不知道你能给我们带来什么好消息?"弗雷特斯上校问。

"长官,西南面离这不远的地方就有一口甘泉,那里的泉水不仅甜美,水流量也大,足够你和你的部下,还有你们的骆驼喝的。"

连日跋涉的疲乏和沙漠干燥气候带来的干渴激发起弗雷特斯上校心底的欲望,真是"踏破铁鞋无觅处,得来全不费工夫",那清澈的泉水,仿佛就在上校的眼前不断地喷涌。弗雷特斯上校一改往常的谨慎,立即决定由自己带一部分人马跟随牧民去找泉水,留下一部分士兵归第亚努中尉指挥,留守营地。

弗雷特斯上校率领他的部下,在那几个牧民的引导下,来到了有泉水的地区。当法国士兵看到一泓清泉出现在眼前时,禁不住欢呼起来,朝着泉水奔去。

突然,一声巨大的响声,沙漠中冲起几股烟浪,几颗土制的地雷炸响了,跑在前面的士兵纷纷倒下。在弥漫的硝烟中,那几个带路的牧民早已不知去向,随之而来的是不知从什么地方冒出来的大队的多亚雷古人。他们头上扎着布巾,骑着快马,如旋风一般呈扇形向法国军队包围过来。

弗雷特斯上校明白上当受骗了,但已经来不及了,他的队伍陷入了多亚雷古人早已布好的陷阱之中。

多亚雷古人的马刀在夕阳的照射下闪烁着寒光,箭弩向法国军队"嗖嗖"地射了过来。在这危急关头,身经百战的佛雷特斯上校很快镇静下来了,他迅速地指挥士兵根据沙丘的地势,布置好火力进行反击。

沙漠中枪声此起彼伏,法国远征军倚仗着武器装备上的优势,毫不客气地向多亚雷古人射出一排排子弹,震耳欲聋的枪声盖住了马队的冲杀嘶喊声。

一个多亚雷古人跌下马来,又一个多亚雷古人跌下马来。多亚雷古人的攻击受到了法国军队的阻遏,他们见势不妙,很快改变了战略。马队在沙漠上跑了个弧线开始向后撤离,沙漠上一片滚滚沙尘。

远征军得到了暂时的休整机会。弗雷特斯上校在硝烟弥漫的战场上开始清点自己的人马伤亡情况。他看到受伤的士兵在痛苦地呻吟,心里一阵抽搐。

"是我害了你们。"弗雷特斯上校内心暗暗自责。

其余的士兵都在默默地擦着手中的枪支，大家都在担心多亚雷古人随时都有可能卷土重来。弗雷特斯上校的忧虑还远不止这些。他清楚地看到多亚雷古人撤退后仍保持着包围的阵势，他深知在沙漠中被围困是一件十分危险的事情。尽管远征军在武器和火力上占有优势，但没有援兵，缺乏弹药的补给，再拖延下去，面临的将是死神。

夜幕降临了，白天的酷热消退了，寒意逐渐侵蚀着法国士兵们的肌肤。微微的冷风拂面而来，弗雷特斯上校只觉得身上一麻，起了一层鸡皮疙瘩。他习惯地用手去扶正军帽，这才发现他的帽子早已在白天的战斗中不翼而飞了。再看看身上的军装，满是沙土，大腿上被蹭破一块皮。弗雷特斯上校用手扯了扯军服，看看倚在死骆驼身上睡去的士兵，两眼湿润了。

"孩子们，"弗雷特斯上校平时总是这样称呼他的士兵，"也许我们再也不能看到法兰西美丽的故土了。我老了，没有什么可以留恋的，一生戎马，这也许是我最好的安身之地了。但是，你们要回去啊！你们的父母，你们的妻子，还有那牙牙学语的孩子都在等着你们。明天你们一定要突围出去！"

多亚雷古人是聪明的。他们唯恐法国人的救兵到来，在半夜时分，他们趁着夜色的掩护，又发起了进攻。

"孩子们，快起来！"弗雷特斯上校喊道。士兵们纷纷卧倒，用枪瞄准多亚雷古人冲过来的方向。

"大家注意了。放完一排枪后，立即向营地方向转移，去和第亚努中尉会合。"弗雷特斯上校镇定自若地指挥着。

多亚雷古人越冲越近，法国士兵已经能够在夜色中清楚地看到马队的黑影了。

"放！"弗雷特斯上校一声令下。

一阵枪响之后，不少多亚雷古人从战马上面跌了下来，其余的人继续往前冲杀过来。法国士兵们开始按照弗雷特斯上校的部署朝营地方向突围，但在他们后面的多亚雷古人的战马跑得更快，双方距离每时每刻都在缩短。

弗雷特斯上校端起一支长枪，对着追来的多亚雷古人的马队猛烈开火。在持续不断的枪声中，多亚雷古人的追击暂时受阻，冲在前面的法国士兵终于打开了一条血路，朝大本营撤离。

弗雷特斯上校看到冲出包围圈的士兵，终于如释重负地喘了口气，脸上露出了宽慰的笑容。

一阵剧烈的疼痛几乎令弗雷特斯上校倒下，多亚雷古人的箭射中了他。弗雷特斯上校一手死命捂住伤口，一手用力地把那支深深刺入体内的箭拔了出来。顿时，鲜血像泉水般地从弗雷特斯上校的指缝中汩汩地流出，濡湿了他的军服。弗雷特斯上校摇摇晃晃地转过身去，朝着士兵们撤走的方向，祈祷着他们的平安。

多亚雷古人趁胜追击。第亚努中尉见弗雷特斯上校带着人马一去半天不回，知道大事不妙。他吩咐手下的士兵们做好准备，以防止多亚雷古人的袭击。这时候，随弗雷特斯上校去找泉水的士兵们撤回了大本营。

"中尉！不好啦！我们中了多亚雷古人的埋伏了！"

"上校呢？"

"……"

"快说！上校呢？"

"上校为了掩护我们，没有撤出来。"

"你们怎么能撇下上校自己跑回来！"

"中尉，上校命令我们一定要撤回来和你会合。他叫你把队伍带回去。这里不是我们的地方，我们不该来。"

"不！我们既然来了，就一定要征服他们，法兰西是不可战胜的！集合队伍，我们要把上校救回来！"第亚努中尉有些歇斯底里。

"中尉，不行，多亚雷古人太多了。"有的士兵劝阻道。

"中尉，我们并不怕死。但是，这样去是不能解决问题的。"

"难道我们就这么完了？"第亚努中尉神色黯然道。

天亮的时候，法国人终于决定撤退了。他们带着无限的希望而来，企图开发这片处女地，通过殖民地扩张法国的势力。但剽悍的多亚雷古人凭借着他们在沙漠地区的势力和刀枪箭弩击碎了法国人的殖民美梦，他们要做沙漠的真正主人。

第亚努中尉带着残余的远征部队从南向北后撤。在他们越过沙漠的归途中，疲惫不堪的队伍不停地受到多亚雷古人的袭击。在阿哈加尔山脉以北的因沙拉地区附近，他们又遇到了多亚雷古人的袭击，第亚努中尉在战斗中被多亚雷古人的利刃刺穿了心脏，最后没有能够回到他的故乡去。

溃不成军的法国人不仅遭受着多亚雷古人的追杀，还被撒哈拉恶劣的气候和环境所阻挡。在撒哈拉沙漠中旅行，就连健康人都无法抗拒那里高温、干旱、风暴等种种险恶的自然环境，伤病员就更不用说了。最后，只有少数人回到了法国。

➡️ 征服撒哈拉之路

19 世纪中后期，法国出现了一位新的探险家霍罗。他想跨越撒哈拉沙漠，并确立新的联络路线。

霍罗曾在 1868—1898 年数次到撒哈拉地区的中心地带探险旅行，积累了相当丰富的经验。他对撒哈拉沙漠有深刻的了解和独到的见识，因为他在撒哈拉沙漠中差不多行走了近 2 万千米。霍罗希望政府有朝一日能再次组织远征队，所以在此之前他先去进行探险。

1898 年是霍罗命运的转折点。法国国家地理学会推荐霍罗率领一支远征队到阿尔及利亚和苏丹之间的撒哈拉地区进行探险。对于佛雷特斯上校率领的远征军在撒哈拉沙漠遭到灭顶之灾的教训，法国政府记忆犹新，这次派出了更为强大的军队，对远征探险队进行护卫，拉米少校被指定为护卫队的指挥官。

远征队终于出发了。当他们到达阿哈加尔山脉地区时，多亚雷古人再次纠集起来，但慑于法国远征队的强大的武器装备和战斗力量，多亚雷古人没有向法国远征队直接发动进攻。他们希望以智取胜，他们破坏了法国人行进途上的水源，拒绝向远征队提供食物，他们要把法国人困死在沙漠地区。

果然，在行进途中，因为缺水，远征队损失了上百峰的骆驼。跨越阿哈

阿哈加尔山脉地区

加尔山脉地区后，骆驼全部死光了。为了不让多亚雷古人得到好处，远征军把携带的大量物品焚烧得一干二净，并把军用品埋藏起来。队员们则轻装上阵，继续前进。在饥饿和干渴的威胁下，他们还是到达了森地尔，完成了阿尔及利亚到苏丹之间的路程。

远征队继续南下，一直走到今天的喀麦隆、加蓬一带。从行军路线来看，这支法国远征队几乎由北向南地穿越了整个非洲地区。后来，他们乘船回到法国。

1901年，一位法国士官到了撒哈拉，以怀柔政策笼络了愤怒的多亚雷古人，成功地连接了阿尔及利亚与苏丹之间的旅程。这位法国士官就是培拉宁。

培拉宁被派到撒哈拉的绿洲担任指挥官。他知道多亚雷古人历来和其他沙漠土著有很深的矛盾。他充分地利用了这一点，帮助沙漠土著组织了一支战斗部队——骆驼大部队。他训练骆驼大部队，提高沙漠土著的战斗能力，并在几场小战斗中获得了胜利。从此，骆驼大部队开始纵横于沙漠之中。

多亚雷古妇女

1902年5月，骆驼大部队在一场决定性的战斗中摧毁了阿哈加尔山脉地区的多亚雷古人的势力。配有重型武器的法国远征队开炮阻止了多亚雷古酋长前往因沙拉的计划。在阿哈加尔山脉地区的提多之战中，多亚雷古人被彻底打败。

提多之战后，撒哈拉沙漠平静了很多，数年中没有再发生过战斗。人们自由地横越沙漠，促进了沙漠中交通网络的发展。

培拉宁和骆驼大部队的法国士官穿着和游牧民族一样的服装，和土著居民生活在一起。在 1905 年最热的季节里，培拉宁和其中的一支骆驼大部队曾 4 次成功地横越了撒哈拉沙漠，没有损失一个人和一峰骆驼，这是一个了不起的成绩。

为开拓撒哈拉，沟通沙漠地区与外界的往来，培拉宁在执行确立沙漠航空路线的任务中献出了生命。

卡车和飞机的应用使人类对沙漠的征服更推进了一步，同时也预示了骆驼商队即将终了。1920 年，培拉宁驾驶飞机失事时，与之同行的维尤曼少校却驾驶着另一架飞机成功地飞越了沙漠。

1922 年 12 月，也就是维尤曼少校飞越沙漠两年后，法国的西多罗因卡车队从地中海出发，在次年 1 月抵达撒哈拉沙漠南边的通布图。可以说，西多罗因卡车队的成功，对法国人而言，是真正地征服了撒哈拉沙漠。

▷ 沙漠历险记

科莱特一家都是法国人。父亲是一位工程师，母亲和哥哥让·米歇尔也都工作，科莱特和她 15 岁的妹妹玛丽正在上学。应该说，她们这一家是非常幸福的。多年前，她们曾几次作过横贯撒哈拉大沙漠的度假旅行，大家每谈起来总是很兴高采烈。所以她们一直向往着重游大沙漠，并打算利用她和玛丽放寒假期间，实施这一计划。

1983 年 12 月 18 日出发的前夕，让·米歇尔突然有事不能去了，特地赶来为她们送行。

她们先坐车一直开到法国的第二大城市和最大的商业港口马赛。再登船穿过地中海驶往阿尔及利亚首都阿尔及尔。一上岸就直驱艾因萨拉赫市，整整行驶了 1200 千米，于 12 月 23 日中午到达该市。在这里，她们添置了食品和汽油，连同从巴黎带来的罐头食品、猪油、奶酪、干蛋糕、牛奶等，准备到南部的塔曼腊塞特市欢度圣诞节之夜。塔曼腊塞特市的风景是十分迷人的，那里的居民主要是特达人和图布人，大多数是以前的游牧民族，对撒哈拉大沙漠比较熟悉。

跟一般旅游者一样，科莱特一家前几次横贯撒哈拉大沙漠的度假旅行，都是在塔曼腊塞特雇请向导的。这次她们仍打算在那儿物色一个向导，以便对神秘的大沙漠作进一步的探索。再说，从艾因萨拉赫到塔曼腊塞特，有两天的时间就足够了。1979年，科采特的父母开着一辆雷诺16型轿车用了不到两天就到了。这次她们坐着父亲新买的拉达牌全天候越野车，更应该是不成问题的。

这两个城市之间，除两处可以添水和加油外，其余都是一望无际的大沙漠，一旦遇到麻烦，就有陷入绝境的危险，这她们是知道的，而且有所准备。问题是在这两地之间，有一段路近年来遭到了严重的破坏，其中有些地段已无法通行。这事她们事先并不知道，以致当天晚上从艾因萨拉赫出发不久，就不得不改道，顺着一条小路而行。再往前一段更没路了。只能按照月光的投影，选准正南方向，循着不久前留下的、尚能辨认的车印前进。可是，第二天，她们就发现迷路了，到了晚上，汽车又因汽油告罄而抛锚，把她们扔在前不着村后不着店的一片旷无人烟的荒漠里，一望无际的沙丘又无情地横在她们面前。

这时，科莱特和她的父亲才意识到她们是走投无路了，今年的圣诞节对她们来说，竟是如此倒霉和不幸。至于12月29日科莱特的生日以及新年元旦这两个日子，她们也没有任何奢望，谁都没有心思去想它。她们想得比较多的，是迫切希望有人来找她们。为了这个缘故，她们在沙地上画了不少特大的"SOS"字样，从汽车的每一侧写开去，一直到6千米左右。

出发前，让·米歇尔送她们时曾说过，从空中鸟瞰沙漠，由于反光的缘故，一切都会变成橙黄色。她们也就是这么想的，凭着"SOS"字样和汽车亮闪闪的橙黄色，人们会从远处或空中发现她们的。但是3天过去了，5天过去了，一个星期过去了，她们除了29日那天夜幕降临时，先后发现3架飞机一晃而过外，其他什么都没看到。

科莱特的父亲日益焦虑不安，几次想从汽车收音机里收听营救队出发寻找她们的消息，但总是白费劲。后来，她们又在汽车上高高竖起一面白旗，科幕特又系上自己的红纱巾，也都无济于事。这时，她们就不得不做着最坏的打算。他们先是把食物和水采取了定量供应。其次是坚持在附近走动，借以锻炼身体，增强适应能力，而更多的时间则是躺在睡袋里，这是一种设计精细的、衬有薄金属片的鸭绒睡袋。躺在里边有助于防止脱水，夜间还可以御寒。

撒哈拉地区昼夜温差很大，白天非常燥热。空气异常干燥，地面没有一点水，也没有一棵植物含有水分。科莱特想，照这样下去，她们是必死无疑了。但是目前还没有绝望。

她们把希望寄托在她哥哥让·米歇尔身上。出发前她们和让·米歇尔约好妹妹玛丽离开塔曼腊塞特的日期，并于新年的1月4日赶回法国上学，请让·米歇尔到机场去接。现在虽然已进入第三个星期了，过了约定的时间，但她们相信让·米歇尔一定会设法营救她们的，只是需要耐心和时间。事实上，在她们焦急、等待的同时，让·米歇尔正在向法国外交部告急求援，向塔曼腊塞特呼救，但得不到任何消息。1月6日，让·米歇尔又登上去塔曼腊塞特的班机，以便亲自组织搜索营救，其结果也只是徒劳往返。

食物和水已经少得可怜了，每个人都开始出现脱水的征兆：个个瘦骨嶙峋，形骸可怖；头昏眼花，开始痉挛；吃东西不敢咀嚼，囫囵吞咽下去。……在这种极端痛苦的情况下，她们不得不紧紧地挨在一起，或者都躺在汽车底下的睡袋里，除了说话、睡觉，别的什么都不干。她们谈话可真是天南地北、海阔天空，而且全是逗人发笑的故事。这样可

你知道吗

脱　水

脱水指人体由于病变，消耗了大量水分，而不能及时补充，造成新陈代谢障碍的一种症状，严重时会造成虚脱，甚至有生命危险，需要依靠输液补充体液。

以使她们暂时忘记痛苦，感到轻松。另一方面，她们还谈论明天，谈论重返法国，谈论着今后各种各样的打算，说些互相鼓舞的话。特别是科莱特的父母，总是爱讲大段的故事，描绘着大沙漠的神奇和壮观景色，以便让对未来的憧憬占据每个人的心田。据科莱特后来回忆说，她从未感到过家人如此亲近体贴，互相关怀；从未感到过父母对她们这样深切的热爱，在极端困难的情况下，每天还能优先保证她和妹妹的一份吃食和饮水。这是一种伟大的爱。正是这种精神维系着她们一家人的性命。可是，随着时间的推移，她们肺部脱水已越来越严重，说话的声音相当低微。

一天夜里忽然听见几声枪响，虽然无法辨别方向，但明显感到有人就在附近。她们以为是营救的人来了，但嗓门已干得无法叫喊。科莱特的父亲急忙冲到汽车跟前按喇叭，还开足了收音机的音量。枪声很快停止了，随后就没有一点动静。她们相信那绝不是幻觉。要不就是打枪的人没听到她们的呼救；要不就是违禁打猎的，被她们的喇叭声和广播声吓跑了。但不管哪种可能，它无疑是一个信号，说明确实还有人来这个地方。这使她们又鼓起了勇气，用生的希望和不甘埋没沙丘的坚强意志去战胜身体的衰竭，继续和绝望作斗争。

然而，一连几天竟看不到有任何转机，而情况却严重到最危险的程度，剩下桶底的一点点水已经最后喝完了。如果说前几天她们还相信能够得救，可现在明摆着的事实是，她们将葬身沙丘已是无疑了。为了水，科莱特用双手和一只盆在沙滩上挖井，指甲挖折了。最后的力气使完了，始终见不到一滴水。没有办法，她们只好一直躺在睡袋里。科莱特的父亲出发前关节炎就已发作，20多天来就数他被折磨得最苦，这会儿已奄奄一息了。母亲虽然强打精神向两个女儿表示微笑，但从那消瘦的面容上也能明显地看出她的生命已经耗尽。玛丽躺在睡袋里，已经动弹不得。唯有科莱特耐力较强，稍能移步，但不久也失去了知觉。营救人员于1月13日找到她们时，57岁的父亲和15岁的妹妹已经死去，54岁的母亲第二天凌晨两点也咽了气。科莱特算是幸存了下来，被急救飞机运往巴黎医院，在昏迷中度过7个昼夜，一个半月后才恢复了说话能力。但她仍然很顽强，除了对死去的亲人表示悲伤外，又和看护她的哥哥商量着重建新生活，以及完全康复后有机会再横跨撒哈拉的设想。

基本小知识

关节炎

关节炎泛指发生在人体关节及其周围组织的炎性疾病，可分为数十种。我国的关节炎患者有 1 亿以上，且人数在不断增加。临床表现为关节的红、肿、热、痛、功能障碍及关节畸形，严重者导致关节残疾、影响患者生活质量。

◀ 用帆板征服撒哈拉

在征服撒哈拉大荒漠的英雄好汉中，有人使用汽车，或骑摩托车，甚至骑自行车，也有人骑骆驼、骑马，还有人步行、长跑……

1979 年，法国 33 岁的亚尔诺，别出心裁，为了不走探险前辈们已经走过的老路，为了创造新的探险纪录，专门设计了一种能在沙地上行驶的新型交通工具。它的形状有点像能在海滨穿行的帆板，一块装有 4 个小轮子的、2 米长的窄木板，上面竖起一张可随意操纵的 6 平方米大的风帆。利用风力作为行驶的动力，就像帆板运动员站在帆板上，借助风力在浪花上滑行前进一样。亚尔诺把它叫做"沙舟"。

亚尔诺计划驾驶这简陋的"沙舟"，沿着濒临大西洋的西非海岸，从毛里塔尼亚的滨海城市努瓦迪布南下，凭借这一带强劲的东北信风，在撒哈拉大沙漠上滑行 1100 多千米，到达塞内加尔的首都达喀尔为止。为了保证远征的成功，他事先赶到西非摸清了当地的天气、潮汐、风和沙漠的情况。

一眼望不见边的西非大沙漠，显得死气沉沉。这一带濒临海滨，沙子洁白细小，混有被海风海浪卷上来的贝壳粉末。一开始，他脚踩在窄窄的平木板上，身体微曲，根据风向操纵着风帆，可谓是一帆风顺，"飘行"得相当顺利。但是不久"沙舟"就接二连三地出现故障：他没看清楚，事先也根本没料到，沿途沙地上长着一丛丛很矮小的带刺的荆棘。它们像是埋着的地雷，等到发现时，已经先后刺破了 16 个橡皮轮胎。

幸好旅程的前半段他不是单枪匹马，摄影师弗朗索瓦和毛里塔尼亚军队派出的两名军人陪伴着他，他们驾驶一辆越野车为亚尔诺的冒险远征保驾。轮胎每损坏一个，大家就帮着修补。晚上，大家一起睡在沙丘旁搭起的帐篷里。由于出师不利，他们情绪很坏，弗朗索瓦愁眉苦脸，亚尔诺也没有睡好。沙漠中的昼夜气温相差很大，夜里天气特别冷。

第二天情况变得好起来。亚尔诺信心增强，离开了他的伙伴，独个儿在沙地上一口气赶了 131 千米路。他为周围苍茫的荒野景色，为自己破天荒的冒险壮举，情不自禁地自我陶醉起来。在探险日记中他动情地写道："我到了一个处女地。这儿没有垃圾，没有噪音，没有人烟，却不使人寂寞。我变成自然的一分子，与她交谈，为她的魅力所倾倒。"

撒哈拉沙漠绝大部分地方没有道路，杳无人烟，陷进去很容易迷失方向。亚尔诺参照太阳的位置、风向和装在"沙舟"上的指南针，时时纠正前进的方向。

沙漠中旅行最怕遇上沙暴。一股股强烈的旋风从地面不断卷起尘沙和干土粒，在空中打转的飞沙走石，使白天也变得暗无天日。这时，尽管是紧闭着嘴巴，也会满嘴尘沙，原来有一部分是从鼻孔吸进去的！亚尔诺在第三天就陷进了这样一场铺天盖地的沙暴中，整整几小时无法脱困。尾随的伙伴们花了九牛二虎之力，才从"沙舟"底下找到他，而他正用那块帆布，把自己从头到脚遮盖得严严实实。

第四天的情况截然相反，几乎没风。必须借风才能行驶的"沙舟"，没有前进几步就无可奈何地停了下来。越野车已朝前开去，这天亚尔诺没有人陪同。晚上他把"沙舟"倒过来，将底板竖在沙丘上，利用风帆搭起一个敞开的临时帐篷。半夜，他又被一群豺的嗥叫声惊醒。豺的个儿虽不大，却比狼更凶残，吓得他赶紧拿起充气用的气泵，把它们吓跑。

第五天，风仍然软弱无力，不能再等下去了。大部分时间他不得不拉着"沙舟"徒步前进，就像为河中的船只拉纤一样。这一天，他终于到达毛里塔尼亚的首都努瓦克肖特，此刻他才走完一半路程。陪伴的两位军人，这时接到返回部队的命令，从此以后亚尔诺再没有车辆陪行，只能一个人在沙漠中闯荡。

亚尔诺在努瓦克肖特休整一天。他消化不良，感觉身子不太舒服。尽管如此，到了第七天早上，他仍然带着 5 千克食粮、5 瓶淡水、睡袋、匕首和备用帆、两个备用胎，总共 20 千克行李，继续乘风"驾舟"滑行在大沙漠上。

摄影师弗朗索瓦驾驶飞机，沿着海滩搜索了几个小时，竟然看不见他的踪迹。第八天，亚尔诺依然没有音信。

第九天，还是找不到亚尔诺的身影。弗朗索瓦沉不住气，准备去外界请求救援了。谁料到第十天，亚尔诺竟然出现在位于塞内加尔河北岸的罗索镇上，难怪摄影师找不到他了。

究竟发生了什么事呢？原来亚尔诺出发不久，由于虚弱晕了过去，苏醒时已是半夜。等待第二天天亮再赶路，然而天亮时风向又不对，他不得不改向东行驶，这就偏离了原定的路线。离罗索镇还有 170 千米路程，他打算天黑以前赶到。可是途中被一个警察拦住，经过解释，才说服警察。后来轮胎又出故障。亚尔诺不能再浪费时间，他马不停蹄地连夜赶路。这天晚上月光皎洁，"沙舟"行驶如飞，时速达到 60 千米左右，接近汽车的速度，所以在第十一天清晨抵达罗索。

广角镜

涨潮

　　到过海边的人都知道，海水有涨潮和落潮现象。涨潮时，海水上涨，波浪滚滚，景色十分壮观；退潮时，海水悄然退去，露出一片海滩。涨潮和落潮一般一天有两次。海水的涨落发生在白天叫潮，发生在夜间叫汐，所以也叫潮汐。在涨潮和落潮之间有一段时间水位处于不涨不落的状态，叫做平潮。

他稍事休息后又踏上征途，下午赶到出海口圣路易港的对岸。这时他已经行走了 846 千米，胜利指日可待。

第十二天，亚尔诺想尽快结束这次远征。他不顾当地居民的劝告，在涨潮时冒险搭上木筏抢渡塞内加尔河。河上风很大，突然一股上游涌来的激流席卷住木筏，把它迅速推向河口。亚尔诺眼看自己和他的"沙舟"就要被冲进外面的大西洋中，竭尽全力使木筏搁浅在沙洲上。几小时后，在当地渔民的帮助下，亚尔诺才脱离了困境。

离最终的目的地达喀尔只有 200 千米了，亚尔诺发疯般地向前疾驶。无论是海滩、沙丘还是风，似乎已不再找他的麻烦。他熟练地操纵着"沙舟"，不到 6 个小时，赶完最后一段路程。成千上万的达喀尔居民惊讶地向他欢呼，向他祝贺。他感慨万分，对自己说，这仅仅是开了个头，他决心要驾驭自己设计制造出来的"沙舟"，穿越世界上所有的沙漠！

▶ 独闯大沙漠的人

在英国兰开郡，有一个少年曾被连环画里关于沙漠的故事深深地吸引。从那时起，他就梦想有朝一日能够骑着骆驼，游历戈壁荒漠。然而，他的这一梦想一直到他 40 岁时才得以实现。

年届 40 的特德被炼钢厂解雇了。这种年龄被解雇，实在是太糟了。几个月来，他东奔西跑，仍然一无所获。这时，一本描述弗里沙漠历险的书勾起了特德少年时代的雄心。于是，他下定决心要向沙漠进发，这是他征服目前这悲惨境地的开始。

找来阿拉万到瓦拉塔地图，特德仔细预算了一下，探险要花费大约 1500 美元，这对失业数月的特德来说，显然是个天文数字。特德只好求助于新闻界，最后，英国广播公司西北电视台的阿历斯慷慨相助，他送给特德一部摄影机和录音机之后，就到目的地瓦拉塔去等候了。

1983 年 2 月 6 日，特德带着他心爱的两匹骆驼特拉和佩吉上路了。为保存骆驼的体力，特德一开始坚持步行。

行程是十分艰难、寂寞的，还时时会有危险出现。就在特德独闯西撒哈拉的第 4 天，他的 4 个大水罐有一个被夜晚的流沙吞噬了。

现在他只剩下 23 千克的水，却有 483 千米的险路要走。他几乎没有备用水了。

　　可是，麻烦接踵而来。一场忽然而降的雷暴向他袭来。在与雷暴的挣扎中，特德的两匹骆驼走失了。沙漠行走没有比丢失"沙漠之舟"更为可怕的事情了。他漫无目标地在四周寻找了几个小时，仍不见骆驼的踪影。突然，他想到骆驼要走出这个谷地的话，一定会在陡峭的坡面上留下脚的痕迹。果然，他追踪足迹，找到那两只被雨水淋透的骆驼。特德转忧为喜。

　　骑上骆驼，特德继续赶路。阳光透过薄云射向沙漠，沙漠被烤焦似的。时过中午，骆驼不肯再走了，特德无奈地爬上佩吉的鞍子，苦苦哀求无用，便用力抽打它的屁股。结果特德被狠狠地摔了下来；第二天，一阵狂风卷夹着沙粒又袭击了特德和他的骆驼。他们摇摇摆摆地好不容易跑进了一块灌丛地带，逃过了这场灾难。

　　就在特德走完了撒哈拉之行的一半路程时，他的骆驼佩吉调皮地踏扁了一个水罐，等特德发现水罐的时候，最后几滴水已一点点地渗进沙地，消失了。特德绝望地躺在沙地上，想着各种各样的死法：仅存 4 千克的水，是无论如何也不够他走完后一半路的。

　　但是，特德还是艰难地踏上了路程。在危机四伏的阿克尔地区，特德却发现了沙丘后一片平原，走过这段平原和后来出现的锈迹斑斑的铁矿层后，特德仔细地盘算了一下：如果继续走到瓦拉塔，需要 3 天，那无异于自寻死路。最后，特德改道向阿默萨尔走去。它是位于瓦拉塔西北的一个水井区，到那只需 2 天时间。

　　特德乘夜晚凉爽上路，白天休息，就这样走了一天之后，特德喝完了最后一滴水。按计算，第二天应该走到阿默萨尔了，可特德还没看到任何人类的踪迹。终于，他找到了一串新鲜的骆驼脚印，跟踪这串脚迹，3 顶帐篷出现在特德面前，他终于得救了。当夜，特德歇息在游牧人那里，他们给了他 3.5 千克的水。

　　第二天，特德按游牧人所指的方向继续向瓦拉塔走去。儿天之后，他来到一座悬崖边上，特德顺着旁边一条山谷走进了一条峡谷。一个多小时走下来，特德才发现这是条死胡同。他只好返回。第二天清晨，特德又回到进入峡谷的地方。早餐的时候，特德不得不喝掉最后一点水，然后，他骑上了也在不断呻吟的骆驼。此刻，他所能做的就是保持自己不掉下鞍子，任凭骆驼把他带向天涯海角。

就这样不知过了多久，终于走到了峡谷的尽头。特德依稀看到一群人和一群骆驼，还有一口水井。瓦拉塔终于到了！

徒步跨越撒哈拉

菲利普·弗雷是研究人种学的。这次他来沙漠的目的，并不是为了开眼界、扬名声，而是为了完成一篇关于各种不同游牧生活方式的人种学博士论文，来进行实地考察的。他专门选择了世界上最大的沙漠——撒哈拉大沙漠。他崇拜它，向往它，还因为这一带的一些民族，至今仍保留着游牧生活的习惯。为了完成这次考察任务，他决定不坐车，只带骆驼。

1992年9月4日，菲利普·弗雷从红海西岸的小港——埃及东南边上的阿拉姆港上路了。高大的骆驼替他驮着能基本维持生命的生活用品：牛奶、速溶咖啡，做午餐用的椰枣，做晚餐用的袋装汤料，做烤饼用的面粉，以及地图和一套用于确定方位的卫星导航装置，而带得最多的是水。

尽管带了这么多的生活用品和装置，但菲利普·弗雷仍然估计这次冒险不会是天天令人快活的，肯定会遇到许多意想不到的困难。因为他选择的路线，从埃及往南，恰好就是撒哈拉大沙漠的南段。要经过苏丹、乍得、尼日尔、马里，然后抵达毛里塔尼亚的西边港口。这是他自己向大自然的挑战，也是向一种超出常人能力的挑战。菲利普·弗雷首先遇到的困难，就是身体的不适应。炎热难忍，不到半个月几乎脱了一层皮。每天走很多路。体力消耗很大，常感到非常疲累。实在不行就爬到骆驼背上，有好几次差点摔了下来。在整个行程中，先后有12峰骆驼被累垮了，其中有两头累死在沙丘里。

最困扰人的还是水的问题。菲利普·弗雷几乎一路都在为水而奋斗。有一次，他为了找一个名叫宰维纳的水井，竟背着30千克水徒步走了50千米路。但当他终于找到那口有水的井时，身上的水只剩3千克了。为了找水，他多次摔倒在枯井边上，险些死在那里。还有一次，在马里境内，一帮游牧民抢走了他储备的所有的水和食品。等那些家伙离开后，他在没有一滴水的情况下，走了36个小时，才发现一口井。当时，他几乎不敢相信这是事实，总以为自己的旅行和生命都要到此结束了。他一直认为这是侥幸。

不仅如此，一些国家断然拒绝他穿越它们的边境。埃及人禁止他越过苏丹边界，雇请的一名"向导"，实际是在监视他的行动。后来在一天夜里，他巧妙地甩掉了那个陪同，进入了苏丹境内。有一次，他看了几眼乍得境内被地雷炸毁的车队，被哈布雷的士兵当成是来侦探军事设施的法国间谍，把他抓去关押起来。在离关押他的小屋约有10米远的地方，士兵们枪杀了350名反政府俘虏。当时他最怕他们把他押到一个秘密地方去处死。他倒不是怕死，而是不愿意做一个无辜的牺牲品。可是，关押了1个月以后，大概是没有审查出什么问题，就又把他放了。

乍得的士兵们是用汽车把菲利普·弗雷押解到尼日尔边界的。这对菲利普·弗雷来说，却是无法忍受的。因为他曾发誓要徒步走完撒哈拉的全程，而乘车违背了他的誓愿，等于中断了他的考察，这使他十分懊恼。为此，他在尼日尔又买了两峰骆驼，再次越过乍得边界，返回到一个月前被乍得士兵抓起来的地方，继续着前段的旅行和考察。

知识小链接

人种学

人种学是体质人类学的分支。研究现存人种在体质形态上的遗传特征、各人种的起源、分布及近化过程的科学。人种形成的早期阶段与自然环境和生活条件有重要关系。现存人种同属于一个生物学种，一般分为三个主要人种：黄种、白种、黑种。

经过8个多月的艰难跋涉，菲利普·弗雷最后到了毛里塔尼亚。在这里，他遇到了一个最糟糕的天气，沙暴卷走了他的地图。这意味着他随时都有迷失方向的危险，幸亏他还模模糊糊地记得要去的目的地。就这样，菲利普·弗雷以他超人的顽强毅力，战胜了重重险阻，终于实现了他的宏愿。

植物学家的一去不返

19世纪初，德国植物学家希辰为了考察阿拉伯沙漠地区的情况，加入了探险者的行列。

希辰生就一副典型的雅利安人模样，金发碧眼，鼻梁挺拔，身材魁伟。他在出发前往阿拉伯沙漠探险的时候，一身阿拉伯人打扮，但他这样做并非完全出于安全考虑。希辰认为阿拉伯人长期生活在沙漠地区，头缠白巾，身穿宽松的棉纱质地的白袍，是有道理的。因为白颜色反光率大，不易吸收热量，头顶缠巾，避免阳光直射，棉纱吸汗，且袍子宽松透气，散热性能好。

跨越阿拉伯沙漠途中的风尘甘苦是可想而知的。这天，希辰眼看着天快黑下来了，决定找一个背风的地方安营扎寨。他看了一下地形，决定在一个沙丘的背后过夜。沙丘极高，像一座小山，是个避风的好地方。他放下背包，挖出一块小平地，很快安顿了下来。沙地里爬出两只小蜥蜴。"好久没碰荤了。"希辰一边想，一边扑上去一手一个捉住了它们。小东西在希辰的手中东张西望，不知大限即将来临。希辰逗弄着手里的小东西，想了很久才从后腰上拔出匕首，一刀割掉了蜥蜴的脑袋。血顺着希辰的手指缝很快地流了下来，希辰马上用嘴接住滴下来的蜥蜴血。虽然只有几滴，希辰还是吮吸得有滋有味，后来他见实在没什么可以吸的了，才给它开膛破肚。剥完皮之后，就把那血淋淋的东西往嘴里塞，吃得津津有味。

希辰吃完蜥蜴后，把两只手往沙子里一插，然后干搓一阵，就算是洗过手了。然后再拿出水壶，喝上一口水。他喝水的时候不像平常那样一下子就把水喝到肚子里，而是先把水含在嘴里，滋润口腔，然后是嘴唇，最后才一点一点慢慢咽下去。

希辰用毛毯包裹好身体，带着一日旅途的疲劳，渐渐进入梦乡。他梦见自己在沙地里行走，牵着一峰骆驼，骆驼的脖颈上挂着 3 只金光灿灿的驼铃，悦耳的铃声让他忘记了沙漠旅行的劳顿。驼峰两侧驮着两只硕大的羊皮水袋，晃来荡去很是诱人。希辰听到水的声音，心底一阵冲动，我有很多的水！希辰终于忍不住了，拔开羊皮水袋的塞子，把嘴凑了过去。他感受着冰凉的水流进肺腑的那种快意，认为此时此刻自己是世界上最富足的人了。

水源源不断地流出来，一眨眼，变成一股巨大的洪流把希辰淹没了。希辰大吃一惊，慌忙挣扎起来，岂料竟动弹不得。希辰惊叫起来，才知刚才是一场梦。但更为悲惨的是，流沙几乎把他埋葬了。他费了九牛二虎之力，扑腾了半天，总算死里逃生，但所有行囊都被流沙吞噬了。

希辰惊魂不定，他朝四下里一看，天哪！整个沙漠变了样。避风的沙丘被削去了大半，原来的低洼处却堆起了许多月弧形小沙丘，仿佛整个沙漠在一夜间全挪了位。希辰朝身上摸了摸，只有贴身马甲的口袋里还有一些金币，外衣兜里还有半块昨天中午吃剩的面包圈。他知道自己真的是一无所有了，一想到一路上采集的标本也丢失了，他更是痛心不已。那些标本耗费了他多少心血，那不是金钱可以计算的。还有那两大本实录笔记，记载了沿途的风光、地理、民风民俗、宗教习惯以及他在各种地貌条件的沙漠中旅行的感受，这是一本不可多得的第一手阿拉伯地区资料。

希辰越想越不甘心，趁着晨曦，在昨天夜里睡过的地方挖了起来。他没有任何工具，仅仅凭借着一双手。不久，他就在沙地里掏了一个很大的坑。但沙子非常干燥，他一边挖，坑边的沙子一边往下流，进展越来越慢。希辰的手指头挖破了，血从指尖渗出来，混合着手上的尘土，把半截手指染成了褐红色。希辰忍着钻心的巨痛，不断地挖着。

如果希辰仅仅是个旅行家，那他大可不必如此挖掘寻找他的行囊，完全可以很潇洒地往前走。而希辰是个学者，这些标本和笔记是他科学考察的结晶，他不能遗失这些东西。

汗水从他的额头上滴落下来，顺着他的脖子往下流，背上的衣服都湿透了。突然，希辰停住了。他的手指头触到了什么，他下意识地停了一下，心底怦然而动："肯定是我的行囊。"希辰有些按捺不住，他加快了掏挖的速度。

终于，他从沙底里拉出了一截带子。他扯了扯带子，只有表层的沙子动了一下。希辰想不能硬拉，死拉硬拽可能把带子拉断。于是，他放慢速度，耐着性子慢慢挖。

那只千呼万唤不出来的行囊终于露面了，希辰高兴得快要哭出来了。看来一切努力都是有结果的。当希辰把那只装满标本、笔记本和日用品的行囊抱在怀里的时候，激动得胃肠都有些痉挛了。晨起的太阳也露出了笑脸。

希辰在阿拉伯地区的另一次遇险，恐怕要数在内夫德沙漠中遇到的那场沙暴了。

在内夫德沙漠里，满眼尽是荒凉广大的红色沙海。那错落有致的沙丘差不多都有近百米高，人走在上面，每迈一步都要费很大的劲，体力消耗非常大。希辰的行进路线，选择了大沙丘之间的沙谷。

广角镜

风暴

风暴泛指强烈天气系统过境时出现的天气过程，特指伴有强风或强降水的天气系统，例如：龙卷风（海上的称为龙吸水）、台风、飓风、热带气旋、热带风暴等。

希辰在进入马安·瓦提·阿兹·西尔邦沙漠地区时，遭到了沙漠风暴的袭击。这场大风暴与往常的沙漠风暴不尽相同，天边滚来的云层不是常见的黑灰色的，而是一种罕见的浓紫色，这是这一地带的一种热风沙。希辰愣愣地望着远处翻滚而来的紫色浓云，一时半晌竟反应不过来了。他从没见过这种怪现象，也从没看到过有关的记录。只有短短的一会儿时间，滚烫的令人窒息的沙暴夹杂着内夫德沙漠的红沙铺天盖地而来，使得原来就被烤晒得快喘不过气来的希辰感到肺都要炸开了。他急忙转过身，双手捂住脸，只留出一点空间，以起到过滤空气的作用。希辰在勉强能够呼吸的情况下很快做出了决断：赶快卧倒。

希辰背着风向，卧在沙地上，尽量把身子贴在沙面上。他在沙地里扒出一个小坑，把整个脑袋埋了进去。利用鼻子与坑底的一点距离喘息，热风在脊背上吹刮，火烧火燎似的。大约过了十几分钟，那如同火炉里炼出来的热沙开始慢慢地减弱。当最后的热沙从头顶呼啸而过时，希辰几乎要昏死过去了。他在就要丧失意志之前，想到腰间的壶里还有大半壶水，顿时精神振奋了起来。他艰难地把水壶移到面前，顾不得三七二十一，"咕噜咕噜"连喝了好几口。水壶里的水滚烫的。

沙暴终于过去了。暗重的天空逐渐变得明朗起来，太阳恢复了它在沙漠中的统治地位，又开始炫耀起它那炽热的光芒。希辰像散了架似的趴在沙漠上，全身的力气似乎都被热风吸走了。他疲惫不堪地抬起头来看看天，又摸了下额头，这才相信风暴确实过去了，而自己还活着。

"上帝啊，这是什么红色魔怪?"希辰惊叹。

皇天不负有心人。希辰历尽千难万险，最终到达了他的目的地。他先后到达了麦加、麦地那。他在这些地方的考察，绝不只限于植物学方面，也对当地的历史、人文、习俗做了周详细致的调查，取得了意想不到的成果。希辰陶醉于成功的欢乐之中。

在泰兹附近的绿洲，希辰准备做最后的休整，尔后即打道回府。没想到他在一个水潭边洗濯时，暴露了自己的身份。最终，希辰结束了在阿拉伯世界探险旅行的日子，也永远结束了自己的生命。

◐➤ 沙漠中的英国外交官

1878 年，38 岁的英国外交官布朗特和妻子蕾提去了阿拉伯。与他们同行的是一位年轻的阿拉伯贵族，他成为布朗特夫妇此行的保护人。

经过了白天太阳的暴晒和长途旅行，布朗特夫妇都很疲劳了。但他们为白天那位年轻贵族在危难之中挺身而出，解救他们一事仍然刻骨铭心，他们商量着该如何答谢他的救命之恩。

"蕾提，那位年轻人救了我们，我们该怎么谢他呢?"布朗特问道。想了一会儿，布朗特又说："我们到这里来不是要买几匹马吗? 我们把最好的马送给他，你说怎么样?"

"送马? 当然不错，他年轻而又英俊，再配上一匹名驹，一定够威风的。

可是，他是这一方的贵族。他自己一定有很多的良种马，我们送的马能是最好的吗？"蕾提觉得心里有点不踏实。

"对了，布朗特！"蕾提突然高叫起来，"我的这只戒指你看怎么样？虽然不是什么特别好的东西，可戒指上这颗祖母绿也算是祖上传下来的。他不是要结婚了吗？不妨送给他的新娘吧！"

"嗯，这倒不错！你烧一壶咖啡，我去请他到帐篷来坐坐。"布朗特说完就往帐篷外走去。

待布朗特先生挽着那位年轻贵族的手走入帐篷坐定，布朗特夫人已经烧好一壶地道的英国式黑咖啡了。

"先生，请喝咖啡。"布朗特夫人彬彬有礼。

"谢谢，夫人。"年轻人接过布朗特夫人双手递过来的咖啡，稍稍地呷了一口，顿时，一股醇厚浓郁的香味漫溢开来。

"好极了！夫人，您烧的咖啡是一流的。"年轻人称赞道。

布朗特先生看到这融洽的气氛，也特别的高兴。趁这个机会，他说："先生，感谢你救了我们。我们出门在外，也没有什么好报答你，这颗祖母绿戒指是蕾提的祖母送的。听说这次你回来是要结婚，我们希望你能收下戒指，它会带给你好运气的。"说罢，布朗特很郑重地把戒指递了过去。

"不行，布朗特先生，我救你们不是为了图报答。我在英国学习，学到了你们西方的文明和文化，令我终生受用不尽。我想，人与人之间应当相互理解、友爱，而不应相互残杀。"年轻人有些激动。

"是啊，在阿拉伯辽阔的土地上，需要的是开发，而不是愚昧、锁闭，更不是残杀！"布朗特作为职业外交官，职业的敏感告诉他，要抓住机会，打开阿拉伯世界的大门。"先生，你一定得收下，否则我们的内心会极度不安的。"布朗特执意要年轻人收下戒指。

"谢谢你们的好意。"年轻人婉言谢绝了，"如果你们一定要送我什么的话，那就来一点英国的咖啡吧。哈哈……"

年轻人爽朗地笑着，和布朗特热烈地交谈着、争论着……

蕾提眼前的一切都幻化了，她想起了白天发生的事情：

布朗特夫妇一行随马队行走在沙漠中，渐渐地布朗特夫妇落在了后面。

"布朗特，我们休息一下怎么样？"蕾提说道。

"我们会掉队的。"布朗特说，"不然叫马队停下来。"

"不必了。不要影响大家，我休息一下就好了。"说罢，蕾提就从马上跳了下来。

知识小链接

长 矛

长矛是一种冷兵器，类似长枪，比长枪更长，真正意义上的长矛长度一般为5～6米，主要由步兵使用。

"哎哟！"蕾提脚刚落地，就拐了一下，她疼得无法站起身来。布朗特见状，急忙过来搀扶，两人到路旁坐了下来。

"要紧么？"布朗特关切地问。

"布朗特，你听，什么声音？"

布朗特伏下身来，侧耳听着，"是马队。不对，不是我们的马队，快走！"布朗特跳起身，急着去扶蕾提。

"不行，布朗特，我站不起来。"蕾提急得要哭了。

这时候，一群人骑着马，手上拿着长矛冲了过来，把布朗特夫妇团团围住。他们是沙漠里的游牧民族，嘴里吆喝着，用长矛敲打布朗特先生的头。布朗特先生用双手护着脑袋，拼命地躲避着，大叫："Stop，stop！"

蕾提尖声地喊道："你们放了他，你们不能这样对待他。他是好人，他没有伤害过别人……"，那伙人仍然不住手。

"噢，朋友们，停止你们的恶作剧吧！"那位年轻的阿拉伯贵族飞马赶到，原来他就是那个部族的人，"你们看，你们把我的朋友吓坏了。"

那伙人愣住了。他们的首领过来向年轻人致礼："尊敬的朋友，我对这里发生的一切感到抱歉，我们不知道这个欧洲人是您的朋友。"

年轻人看矛盾解决了，便宽容道："布朗特先生是我的朋友，也是你们的朋友。你说对吗?"年轻人转过身,喊道:"布朗特先生,请过来。这位先生说要和您交朋友哩!"

布朗特虽说对刚才发生的事情仍心有余悸,但见那位阿拉伯年轻贵族朋友在场,便走了过来。年轻人跳下马,拉住布朗特和首领的手,说:"来,大家握握手,交个朋友吧。"三个人的手紧紧地握在一起。

"布朗特,你不是要买阿拉伯的良种马吗?找他们就行了。"年轻人说。

"看来真是不打不成交喽。"布朗特小小地幽默了一下。

布朗特夫妇在阿拉伯的游牧民族那里,买到了他们所期待的骏马。他们把这些马带回了英国,经过悉心的饲养和改良,培养出了世界上著名的种马。

▶ 最后的阿拉伯

被称为"空虚的四分之一"的阿拉伯大沙漠,面积有 65 万平方千米。这块大沙漠几乎占了阿拉伯半岛南部 50% 的土地,自然条件十分恶劣。这里的游牧民族也和阿拉伯地区的其他土著一样,对外族人怀有本能的仇视心理。因此,一直到 1930 年汤玛斯穿越这片沙漠之前,它还是阿拉伯唯一未被外人侵扰的地区。

1930 年初,英国政府驻中东地区的两位高级官员汤玛斯和菲力比突然心血来潮,相约比赛横越阿拉伯大沙漠。汤玛斯曾在伊拉克、多兰士、约旦等地服务,而菲力比则在伊拉克任职。后来,汤玛斯成为马斯凯特·阿曼苏丹的顾问,而菲力比则成为沙特阿拉伯阿布多·阿齐滋·伊朋·撒多王的顾问。

1930 年 12 月,汤玛斯带着 40 名拉西提族的贝都因人组成的探险队从索法尔出发。探险队从索法尔的山脉向北跨越,再向西走过一个草原地带,然后向北前进。他们准备直接横越阿拉伯大沙漠到达波斯湾,再到卡塔尔半岛,全程约 1120 千米。

探险队在当地游牧民的指引下,找到了曾被称为"乌巴尔"的都市。据说这个都市就是所罗门王的金银宝石的产地,但眼下已被厚厚的黄沙掩埋了。

汤玛斯蹲在沙地上沉思了很久，他想象着连绵起伏的沙丘之下当年都市的繁华景象。那时候一定有大队的骆驼商队通过这里，有人来人往的商业街道。街道不一定很宽，却很繁荣，沿街摆着很多的银器、丝绸和香料，人们讨价还价地进行交易。但今天却什么都没有了，唯有这波涛般的沙丘在涌动着。汤玛斯感慨万端，轻轻地扬起手中的一杯黄沙。

从向那的水塘开始，探险队进入了阿拉伯沙漠的腹地。这里的沙地特别柔软，是那种流动性很大的流沙带。走了半天，回头一看，却没走出多远，一天只走20多千米。但汤玛斯对此并不气馁，他担心的倒是哈德拉茂北方的谢阿尔族经常出没在这一地区附近，害怕遭到袭击。但后来探险队只是和谢阿尔族的游牧者发生了几场不太严重的纠纷，没有酿成武装冲突。

1931年1月，探险队驻扎在巴奈扬附近。正当他们准备扎设营地的时候，天空突然暗了下来，汤玛斯情知不妙，大声吩咐他的卫队收拾行李。

"嘿，沙暴要来啦，大家快把行李收好，别把东西丢了。"

汤玛斯卫队里的贝都因人个个都是久经沙场的好手，他们知道沙暴的厉害，忙不迭地往行囊里塞东西，有的则跑前跑后，企图把骆驼拢到一起，令它们卧倒。这时，风越刮越大，夹杂着沙子，打得探险队的人睁不开眼，面颊生疼。

汤玛斯见东西已收拾完毕，赶紧卧倒在骆驼的后边。这时候的"沙漠之舟"完全没有了往日的精神和那种悠然自得的神情，紧闭着眼睛，把脑袋深深地埋在沙地里。有几峰骆驼偶尔伸长脖子，探头探脑一下，惊恐地看着这片寂静的沙洲怎么会在顷刻之间变得这般狂乱。

天地间的一切都成了沙暴征服的对象。汤玛斯趴在沙地上，很快地就觉得要被沙子埋住了，耳边听到的是"嗖嗖"的狂风的呼啸。他无法睁开眼睛，只能暗暗祈祷："上帝保佑，千万别发生意外。我的骆驼，你可别弃我而去，不然我就走不出这恐怖的大沙漠了。"

到天空完全暗下来的时候，沙暴才渐渐地停息。汤玛斯抬头一看，整个沙漠都变了样，刚才那一波一浪的沙丘不见了，目光所及全是一览无余的平坦沙地，汤玛斯吓得舌头都缩不回去了。所幸的是探险队只丢失了两峰骆驼和骆驼驮着的一些行李。

汤玛斯仰望星空，对左右说："扎营吧，今晚不会有事的。"

夜深人静，汤玛斯翻来覆去睡不着觉，突然，他发现自己的一个箱子不见了。那个箱子里有他的指南针和地图。在沙漠里丢失了地图和指南针，汤玛斯明白意味着什么。他没有声张，走到帐篷外，尽力使自己镇静下来，去考虑明天要做的事。

根据时间的推算和每天的旅行日记，汤玛斯知道他们已经快要走出沙漠了，大约再走130千米就可以抵达波斯湾。汤玛斯稍稍地松了一口气，自言自语道："天总不该绝我吧。"

第二天，为了尽快地走出沙漠，汤玛斯命令卫队丢弃一些行装，以减轻骆驼的负担。到了下午，因为丢失指南针结出了恶果：汤玛斯发现他们又回到了上午出发的地方，他们出发时丢弃的行李乱七八糟地躺在沙窝里，汤玛斯见状手脚冰凉，两腿迈不开步。

难道在即将迈向胜利的时刻就这么失败了么！汤玛斯受到的打击太沉重了。他又是一宿未眠，当太阳再次升起的时候，卫队的贝都因人发现汤玛斯仍然坐在帐篷的外面。一夜之间，他憔悴了许多，头发蓬乱，两眼迷离，脸庞蒙上了一层沙灰，眼圈发黑。汤玛斯就这么坐着熬到了天亮。

太阳升起来了。探险队又要上路了。

"快看，那是什么?"有人喊道。

汤玛斯放眼远眺，开始什么也没有看到，渐渐地他看到一匹白马在尽情地奔跑，那情景像是一个小城镇。马越跑越远，小镇越来越清晰。

你知道吗

指南针

指南针是用以判别方位的一种简单仪器。指南针的前身是中国古代四大发明之一的司南。主要组成部分是一根装在轴上可以自由转动的磁针。磁针在地磁场作用下能保持在磁子午线的切线方向上。磁针的北极指向地理的北极，利用这一性能可以辨别方向。常用于航海、大地测量、旅行及军事等方面。

"海市蜃楼!"汤玛斯大喊一声,跳了起来,"我们有救了。"

汤玛斯欣喜若狂。尽管谁都知道,海市蜃楼只是一种虚幻的景象,这种幻景时常发生在海边或沙漠地区,它是光线经不同密度的空气层发生反射或折射,把远处景物显示在空中或地上。汤玛斯想,这一定是沙漠的空气和海边的空气相互挤压而产生的海市蜃楼,那边一定就是海边了。

"大家快上骆驼,把多余的东西统统扔掉,我们就要到波斯湾啦!"汤玛斯一边说一边爬上了骆驼。

"就要到了,大家走快点!"汤玛斯催促卫队。

到了深夜,汤玛斯终于如愿以偿。月光下,波斯湾的海水泛着亮丽的光波,多哈塔沉浸在大海的怀抱中,倾听着海涛轻轻地吟唱着令人陶醉的小夜曲。多么静谧的夜哟!

汤玛斯唯恐踏破这美丽的夜景。他拼命地按捺着内心的激动,慢慢地朝海边走去,走去。

海水轻舔着他的脚背,海浪打湿了他的衣服,但汤玛斯恍如在梦幻中一般,浑然不知,继续向海的深处走去。涌动着的海涛浸湿了他的脸,好咸好咸,不知是水是泪。汤玛斯确实相信了,这不是海市蜃楼,他确实走过了阿拉伯大沙漠,走到了波斯湾。

"啊——啊——"汤玛斯放声大喊,一吐胸中的快意。他的喊声划破了宁静的夜,也划破了宁静的阿拉伯沙漠。

在汤玛斯探险的同时,他的挑战对手菲力比却没有那么幸运。开始,沙特阿拉伯政府拒绝了菲力比为横越大沙漠而申请的假期。这令菲力比非常失望,因为他已经知道汤玛斯要出发了。后来通过亲王的说情,菲力比的请求被批准了。他万分高兴地开始组织人马,准备他的大沙漠之行。他要从北面向南而行,向阿拉伯大沙漠挑战。就在出发前,他听到了汤玛斯成功地穿越阿拉伯大沙漠的消息,他明白自己无法成为第一个横越大沙漠的人了。但菲力比并不因此而放弃对阿拉伯沙漠的挑战。尽管他对整个横越阿拉伯沙漠的计划不像汤玛斯那么周密,但他大可不必担心沙漠中的土著会对他有什么不利的举动。他有到过吉达、乌内沙、阿兹·史莱伊尔和哈德拉茂旅行的经验,他在沙漠地区生活的时间比汤玛斯更长。因此，菲力比暗下决心，他的阿拉伯沙漠之行要比汤玛斯时间更长、行程更远，至少在这方面要胜过汤玛斯。

1931 年初，菲力比的队伍从荷夫出发，先向东南方的卡塔尔半岛前进，再转向西南方的加布林绿洲，然后横越阿尔加福拉沙漠。当队伍到达向那的水塘时，他发现了汤玛斯走过的路线，于是他又决定走大沙漠西边的路线，到阿兹·史莱伊尔去。菲力比仗着他的庞大队伍有精良的装备和足够的骆驼，就这么在茫茫无际的阿拉伯大沙漠里游荡，他只有一个目标——他的沙漠之旅要远远超过汤玛斯。正是由于这种竞争心理，菲力比的沙漠探险差点以悲剧结尾，原因是他的队伍负载太重了。

这时的菲力比完全是一副阿拉伯人的打扮。他能够讲流利的阿拉伯语。他对沙漠中的干旱、酷热和饥渴已经习以为常，但负重的骆驼却支持不住了。

"菲力比，我们不能再这么走下去了。"阿拉伯队长塞尔曼向菲力比低声耳语。

"什么，你害怕了？"菲力比有些反感，他特别看不起懦弱的人。

"不是的。菲力比，我塞尔曼什么时候害怕过？我是在这一片黄沙的王国里长大的，我会害怕吗？"塞尔曼队长大声申辩，"再这样走下去，骆驼队就会垮了。你知道，每个水塘之间的距离有 600 千米之遥，骆驼虽然是'沙漠之舟'，但是它们的负载实在太沉重了。"

菲力比沉思了一下，诚恳地对塞尔曼说："塞尔曼，你也知道，我们已经走到这里了，没有理由再退回去。况且从这里走出去的路程比返回的路程远不了多少，也可以说我们已到了欲罢不能的地步。我一定要击败汤玛斯，要对得起给我支持的国王陛下和亲王阁下。塞尔曼，请你支持我。"

塞尔曼有些被感动了，他说："菲力比，你赢了。可是那些骆驼怎么办？我们要么扔掉一部分行李，要么到时候连骆驼带行李一起倒下。"

"这个你就看着办吧。只要保证大家晚上有得住，白天有得吃，其他的随你处理。"菲力比完全相信塞尔曼的处事能力。

于是，塞尔曼下令把行李箱翻出来，把一些可有可无的东西丢掉。但当卫兵们打开行李箱时，觉得这也舍不得扔，那也舍不得丢。塞尔曼看见这样子，把脸一沉："混蛋，叫你们扔东西，你们是怎么搞的，从箱子里拿出来，却揣到了自己的怀里。听着，把你们怀里的东西统统扔了，谁要叫我发现私藏半件，就叫他永远留在这里。"塞尔曼说到这里，拔出腰间佩带着的马刀，恶狠狠地一下插入沙地中。

马刀立在沙地上弹了几下。卫兵们从来没有看过队长发那么大的火，一个个面面相觑，不知如何是好。

队伍轻装上阵后，行进速度快了很多，基本上每天能走 60 多千米。有时候，他们只在途中休息 3 小时，一天下来，甚至可以走 110 千米。

"塞尔曼是对的。"菲力比在心里默默说道。

菲力比终于完成了他的阿拉伯沙漠极其艰苦的探险旅行。事后，他只说了一句："外行人不能轻易地去尝试横越大沙漠，也不能轻易地冒这个险。"

拓展阅读

观察认识生物

认识和观赏各种生物不仅能丰富我们的自然知识，同时也是一种自然审美。这其中有很多的乐趣。从分类上我们应该认识什么是动物、植物；什么是哺乳动物、飞禽、昆虫，什么是爬行动物、水生动物等。它们有什么特点、如何分辨等。我们将从接触、观赏中体味生物的种种美感，并从中感受无穷乐趣。

▶ 新时期的沙漠探险

我们在前文中提到的汤玛斯和菲力比横越阿拉伯沙漠是 20 世纪 30 年代初期的事情。许多人认为，这种利用动物和依赖自己双脚进行探险的旧式方法将要被淘汰。英国的谢西格便是位以新的姿态出现的探险家。

谢西格于 1910 年诞生在埃塞俄比亚的首都亚的斯亚贝巴，他的父亲是英国政府驻亚的斯亚贝巴的公使。1930 年，谢西格被任命为格洛斯特公爵的埃塞俄比亚使节团的名誉成员，30 年代成为苏丹的官员，第二次世界大战时期曾在中东地区服务，他对沙漠和沙漠地区的居民有非常深刻的了解。战后，为了抑制沙漠地区蝗虫蔓延，他留了下来。为了调查西部沙地蝗虫蔓延情况及当地民情风俗，谢西格决心完成大沙漠的探险。

1947 年，谢西格开始从哈德拉茂北边的曼瓦哈穿越阿拉伯沙漠，到达特乌维科山脉的阿兹·史莱伊尔，再绕道巴纳扬直插利瓦绿洲。第一阶段的旅程——从曼瓦哈到阿兹·史莱伊尔，其间距离大约有 640 千米。谢西格走了 16 天，途中没有一个供水的地方，谢西格就靠自己所带的一点有限的饮用水，跨过了一望无际的大沙漠。

如果谢西格像汤玛斯和菲力比一样，仅仅带一些食物、水、指南针和地图之类的东西上路，那他的麻烦恐怕还不会那么大。时代的进步，使得人们或多或少地打上了时代的烙印。谢西格带上了一架沙地居民还不曾见过的照相机。他想通过这架相机，记录下阿拉伯沙漠地区的蝗虫灾害情况和那里的民风民俗。

在沙地的一个帐篷区，谢西格看到了游牧民族的女人与小孩，他忍不住端起照相机拍起照来。这时，一个土著男子发现了谢西格，大喊着并追了过来。

"你这个欧洲人，你来这里干什么！你要把我们的灵魂收走？"

谢西格大吃一惊，见那男子的模样，知道事情不妙，抱起照相机飞似的逃了，边跑边大叫他的贝都因人卫队。卫队闻讯赶来，见谢西格一副狼狈相，忙问出了什么事，谢西格上气不接下气地往后面指了指，说："有人追来了。"

卫队马上摆出决战的架式，但瞅了半天，只有一个男子追过来，手上没有拿武器，于是大家都松了口气。

"兄弟，你跑得那么急一定有急事吧？"卫队长向那人打了个招呼。

"是啊，大哥，刚才有个欧洲人，拿了个家伙，把我女人的灵魂给收走了。我得把他追回来。"那男子气喘吁吁地答道。

卫队长有些惊讶："什么家伙那么厉害呀？"

"那是一个小盒子。啪的一下就把灵魂给收走了。"那男子正说着，发现了谢西格，就大叫大嚷起来："快把我女人的灵魂还给我，不然她会死的！"

谢西格觉得好笑："我没有收她的灵魂呀，你叫我怎么还你？"

"你这坏人，收了人家的灵魂，还敢抵赖。"男子骂道。

队长转身问谢西格："先生，你真的没有收人家的灵魂么？"

"队长，你还不相信我么？你什么时候见过我拿人家的东西了？"谢西格耸了耸肩。

"就在那黑盒子里。"那男子指着谢西格的照相机一口咬定说。

"你就拿出来给他看看吧。"队长劝道。

"里头可是什么也没有啊。"

谢西格无可奈何，只得打开照相机的后盖，并把胶卷也拉了出来。

基本小知识

胶　卷

胶卷又名底片、菲林，是一种成像器材。现今广泛应用的胶卷是将卤化银涂抹在聚乙酸酯片基上，此种底片为软性，卷成整卷方便使用。当有光线照射到卤化银上时，卤化银转变为黑色的银，经显影工艺后固定于片基，成为我们常见到的黑白负片。彩色负片则涂抹了三层卤化银以表现三原色。除了负片之外还有正片及一次成像底片等。

"真是奇怪了。"那男子见盒子里头什么也没有，嘟嘟嚷嚷地说道。

"好了，兄弟，我说不会吧。我们这位先生可是好人哪！"队长说道。

"是好人哪。"谢西格苦笑了一下，不知道自己在说谁。

探险队到达沙特阿拉伯的境内时，这架照相机再次给谢西格带来了麻烦。

"站住。"一声喝令，把谢西格给镇住了。他扭头一看，背后两个沙特阿拉伯军人，正用枪口对准着他。

"嘿，长官，这可不是开玩笑的。"谢西格说着，用手慢慢地拨开了对着他的枪口。

"啪"的一下，士兵用枪打掉他按在上面的手，"你在这里照什么？是谁派你来的？"

"我是抑制蝗虫协会的，在这里收集有关蝗虫的情况。"谢西格解释道。

"收集情况？"士兵满腹疑虑，"我看你不是个好东西，准是间谍。跟我们走一趟。"

谢西格被押到了指挥所，报告呈上去，罪名是间谍嫌疑犯，用照相机拍摄军事要地。

菲力比当时已经是沙特阿拉伯的政府要员了。他知道这件事后非常不安，于是便向沙特阿拉伯国王请求释放谢西格，看在菲力比的面上，国王答应释放谢西格。

谢西格获释后，又到加布林、特鲁阿曼等地进行探险旅行。

在谢西格横越阿拉伯大沙漠的同时，又有不少西方人争先到达那个地区。

早在第二次世界大战期间，美国政府在沙特阿拉伯政府的协助之下，就派遣科学考察队到汉志、内志和也门一带勘察。1932 年，他们在巴哈连发现了石油，于是在这一地区成立了阿拉伯—美国石油公司，并沿着波斯湾东部海岸成功地挖掘出大量石油。这些石油使得阿拉伯人意外地变成了大富翁。

石油的发现、采掘以及现代科学技术的输入，使阿拉伯游牧民族的生活方式发生了变化，几千年来过着传统游牧生活的贝都因人开始被石油公司所雇佣，不再在沙漠里流浪了。

谢西格觉得自己已没必要在那里再待下去，于是决定离开阿拉伯地区。听说谢西格要走了，他往日的贝都因朋友都有些恋恋不舍，他们开着石油公司的卡车来到谢西格的住地，向他道别。谢西格为逝去的往昔落下了热泪。

1950 年，谢西格从波斯湾沿岸的机场乘飞机离开了阿拉伯。

澳大利亚西部之旅

大西洋上的澳大利亚大陆，长期以来都是垦荒者实现梦想的地方。18 世纪殖民初期，探险者便开始陆陆续续地来到这块未经开垦的处女地，以图一展身手。

1872 年，澳大利亚当局试图在这块 770 万平方千米的南方大陆架设一条从阿德莱德到达尔文港之间的南北大电线，这条南北大电线纵贯了整个澳大利亚。但直到这个时候，大电线以西绵延几千里的广大沙漠地区，对世人而言，仍然是一个难解的谜。

向澳大利亚西部腹地挑战是需要胆略和勇气的。著名探险家吉尔斯首先向这一无人区发起挑战。

吉尔斯是一个经验丰富、学识渊博的学者。他在探险历程中所发现的地方，一经命名，即能名扬四方。诸如他命名的饥渴谷、恶臭之穴、渴望山等，都能恰如其分地表现出各自的特色。

吉尔斯于 1872 年 8 月开始第一次探险，但很快便以饮水不足而告终。在第二年的 8 月，吉尔斯组织了第二次探险活动。他的探险队由亚吉布森、迪特金斯和一位 15 岁的亚波利吉尼少年鲁斯 4 人组成。当他们走过维多利亚大沙漠时，吉尔斯发现，澳大利亚的沙漠不是常人所熟悉的"地毯式的沙漠"，它有许多人类无法攀越的沙岩山脉，并有热带丛林杂生其间。

随着时间的推移，沙漠中的地面越来越干燥，气温增高，行程愈来愈困难。

1873 年的圣诞节，吉尔斯一行 4 人按照欧洲人的习俗，在营地稍稍地做了些表示。正当他们在帐篷前吃着牛排、南瓜、乳酪，喝着朗姆酒时，突然，一群亚波利吉尼人向他们袭来。

领头的竟是一位老人。他光着脑袋，脸上布满皱纹。吉尔斯想不明白，年纪这么大了，还提着矛枪、领着族人冲锋陷阵。

老人指着吉尔斯说："你们这些肮脏的家伙，为什么闯入我们的家园？你们什么本事也没有，只会整天在沙地里走呀走，又吃又喝的。你们这些懒鬼，快滚出去吧！"

老人非常激动，唾沫四溅，边说边挥动着拳头。

吉尔斯仍然保持着他的学者风度，微笑着对那位首领说："尊敬的长者，话可不能这么说，我们跋山涉水到这里为了什么？难道是为了我们自己？如果我们是懒鬼，又何必跑到这不毛之地来呢？我们要吃的，要喝的，在阿德莱德有的是。难道你不希望这里变得更美丽些吗？"

亚波利吉尼首领一时语塞，有些恼羞成怒，一挥手："给我上！"

他身后的亚波利吉尼人拿起了矛枪，准备向吉尔斯他们投掷过来。吉布森在一旁看得分明，眼疾手快，拔出后胯上的短枪，未等对方动手，就当面送给他们一发"圣诞礼物"。子弹擦过老年首领的臀部，打在他身后的一块赭红色岩石上。岩石上碎裂的小石片立刻向四处飞溅开来。亚波利吉尼人被这突如其来的怪物镇住了。他们扔下长矛，甚至扔下他们的首领，有的抱头鼠窜，有的趴在岩石后面半晌不敢动弹，有的则一溜烟似的逃得不知去向。那年老的亚波利吉尼人首领似乎比较镇定，他朝吉布森手上的短枪看了一眼，然后慢慢地转过身走了。

吉尔斯希望探险有一个突破性的进展。1874年4月，他决定与迪特金斯同行，让吉布森和安德鲁斯留在营地。对此，吉布森大为恼火。

"凭什么要我留下来？我们一同走了那么远的路程，现在好了，你要丢下我不管了。"吉布森来回走着，大声地嚷道。"我来探险，就是要做别人没有做过的事情，干出一番事业给世人看看。可是你，你却说，吉布森，你留在这里吧，那你还不如让我回去得了。"吉布森越说火气越大。

迪特金斯在一旁也感到很为难。说实话，他也很希望吉布森能和他们一起走，但吉尔斯是队长，他没有理由反对吉尔斯的决定，更何况他自己也非常渴望能成为在探险史上青史留名的英雄，但如果大家一起走，有什么意外的话，这支探险队就会全军覆没。

"吉尔斯，我留下，让吉布森去吧。"迪特金斯沉默良久，最后非常诚恳地对吉尔斯说。

"威廉，你愿意放弃？"吉布森异常地惊讶。

"吉布森，也许你去比我更合适。吉尔斯说得有道理，我们不能一起去。你要保重，好好地照顾吉尔斯，这里有我。"

吉布森紧紧地抱住了迪特金斯，一阵激动之下，两眼竟有些潮湿了。

"来，喝点酒吧！"迪特金斯说罢，从行李中找出一瓶威士忌，打开瓶盖递给了吉布森。吉布森接过，猛喝了一大口，又把酒瓶传给吉尔斯。吉尔斯也呷了一口，把酒瓶还给了迪特金斯。

三人相对无语。最难是离别。

4月20日，吉尔斯和吉布森带着4匹马和一星期的粮食、饮用水出发了。他们走了几天之后，由于粮食和饮用水的减少，他们放回了其中的两匹马。到安特马利山脉的时候，吉布森的马因为又累又饥又渴而倒地毙命。这样，就只剩下吉尔斯的一匹马了。

吉尔斯仰望着安特马利山脉，心里盘算着：假如我们能翻过这座山，可能会发现一个与我们的想象完全不同的世界，但就目前的状况已无法再向前继续走下去。于是，他果断地对吉布森说："吉布森，看来我们无法越过这座大山了，我们回去吧。"

"天哪，吉尔斯，你做出的是一个什么样的决定啊！"吉布森很不甘心，大声嚷嚷，"我们只要翻过这座山，也许就可以走出沙漠地区了。"

"是啊，也许是这样，可要不是这样呢？我们没有了马，没有了粮食，甚至没有了水，我们看到了天边的绿洲，却永远留在了安特马利山脉上了。"吉尔斯指着安特马利山脉说道。

吉尔斯和吉布森不得不返回营地。为了保存体力，他们轮流骑着马前进。但走了不久，吉尔斯发现这种方式行进速度太慢，因为一个人骑马，另一个人步行，那马只能跟着人走。于是，吉尔斯命令吉布森："吉布森，我们这样走下去，看来是走不到大本营的，最后大家都得累死饿死。你带一些食物和水，骑着这匹马先回大本营，再让迪特金斯带些东西来接我。"

吉布森奉命独身驰马返回大本营，吉尔斯刚开始了漫长孤独的徒步旅行。他走了一天以后，到达了来时存放了一些粮食和水的地方，那里大约还有9

千克的水，以及一些条形的肉。

吉尔斯坐在地上，心里琢磨着：把这些水带上的最好办法是装进水壶里，但光是水壶就将近 7 千克，加上 9 千克的水和一些行李，那袋子足足有 20 多千克重，实在太沉了。如果把水换装在水袋里，自然要轻得多，但是这最宝贵的水将会被水袋慢慢地吸干，这可是要命的事儿。要是负载太重，走不回大本营怎么办？也许迪特金斯会赶来营救我的，但没有水显然也是不行的……

吉尔斯心乱如麻，估量着各种可能发生的情况，最后还是决定带上水壶。咳，到了这种时候也只能自己帮自己啦。我要是不帮助自己渡过难关，就是全能的上帝也无能为力了。

背上的水壶太重，压得吉尔斯喘不过气，直不起腰。他不得不像老牛拉破车似的慢慢地走。照这个样子走下去能走得回去吗？吉尔斯有些动摇了。他每迈出一步，都觉得喉咙更加干渴难忍，嗓子眼里好似要冒出火来，他恨不得把水壶里的水一口喝个精光。

吉尔斯停下脚步，几乎就要做出抉择。但他转念一想，这肩负的重担，不就是上帝帮助自己远离死神的"灵药"么。想到这，他又克制住自己的欲望，继续朝前走去。

一夜之间，吉尔斯在月光下走了将近 5 千米的路程，却几乎没有喝一滴水。由于长时间的饥渴和负重跋涉的疲劳，吉尔斯感到全身肌肉麻木。脚下的沙地永远是那么的单调，一望无际，走也走不到头，他无意识地一直朝前走着。

吉尔斯步履蹒跚，由于过度的饥渴，加上毒辣的太阳毫不留情地照射，他几次昏倒，不知道过了多长时间，也不知道自己置身何处。白天，他躲在一些灌木丛里休息；入夜便开始徒步前进。有一天，他意外地发现沙漠中有一株橡树，那树荫足以作为蔽身之处，便跟跟跄跄地走过去，渴望好好地休息一下。突然，吉尔斯发现树上有一个巨大的食人蚁穴，吓得他毛骨悚然，头皮发麻，人也清醒了许多。"幸亏发现得早，要不然我这一躺下去，不要几分钟，就变成了一堆白骨。"吉尔斯暗暗地庆幸。他只好放弃在橡树下休息的念头，顶着酷热的太阳继续前进。后来，他又发现了一片热带丛林，便不顾一切地钻了进去，荆棘划破了他的皮肤，钻心的疼痛令他不敢妄动。

在距离绿洲大约32千米的地方，吉尔斯喝完了最后一滴水。他丢弃了所有的行李，稍稍加快了一点前进的速度。这时，吉尔斯已经整整5天没有进食了，一直处在神志不清的状态下。当看到绿洲的一滩浊水时，他顾不得那水里散发出的臭味，一头扎入水中，喝了起来。由于这里的水有一股异样的臭味，后来，吉尔斯把这个地方命名为"恶臭之穴"。

吉尔斯喝完水后，人也清醒了好多。他看到一只袋鼠从他面前跳过，有一只小袋鼠从育儿袋里掉了下来。吉尔斯以罕有的敏捷，一下扑了过去，逮住了小袋鼠。他把小袋鼠茹毛饮血，活生生地吞吃了，这种难以形容的美味，令他毕生难忘。

知识小链接

袋　鼠

袋鼠原产于澳大利亚大陆和巴布亚新几内亚的部分地区。其中，有些种类为澳大利亚独有。所有澳大利亚袋鼠，动物园和野生动物园里的除外，都在野地里生活。

那天晚上，吉尔斯终于走完最后的路程，在拂晓时分抵达了营地。当他一头撞进帐篷里的时候，迪特金斯犹在梦中酣睡。

"威廉，你醒醒，看到吉布森没有？"吉尔斯摇晃着迪特金斯。

迪特金斯睡眼蒙眬。

"什么，吉布森？他不是和你在一起吗？"

"唉！"吉尔斯知道坏事了。他原原本本地把事情的经过告诉了迪特金斯。"早知道应该让他和我一起走。"吉尔斯重重地敲了一下自己的脑袋。

"吉尔斯，别难过。先吃点东西，等天亮的时候我们一起再去找找。"

天亮的时候，吉尔斯拖着疲惫的身子，和迪特金斯出发去寻找迷路的吉布森。结果，他们还是一无所获，失望而回。很显然，吉布森一定是在酷热的沙漠中骑马走失了方向，凶多吉少。

吉尔斯为了纪念这位为挑战、探查澳大利亚沙漠的牺牲者，便将吉布森失踪的沙漠命名为"吉布森沙漠"。今天我们在一些澳大利亚地图上看到的这个名称，就是由此而来的。

1875年5月6日，不甘失败的吉尔斯再度出发，穿越了维多利亚大沙漠，并接受了吉布森沙漠的挑战，在1876年8月23日，成功地抵达皮克河。在这次探险中，吉尔斯在乌拉林格险些丢掉了性命——他们又受到了亚波利吉尼人的袭击。

这次，亚波利吉尼人设下了一个圈套。他们在遇到吉尔斯探险队的开始几天，表现出异乎寻常的友善，甚至带着探险队走了好几天。有一个10岁的亚波利吉尼小女孩，聪明又伶俐，深得吉尔斯和队员们的宠爱，他们抱着她坐在骆驼上，给她吃朱古力，小女孩很快就和探险队员们混得很熟了。

一天，探险队员和带路的亚波利吉尼人一起在帐篷里吃晚餐，其中一个亚波利吉尼人借故离开了帐篷，小女孩便开始向吉尔斯撒起娇来。

"吉尔斯叔叔，你带我去看星星好吗？"

"好，等吃完饭，叔叔一定带你去。"吉尔斯边吃边答。

"不嘛，我要现在就去看嘛。"小女孩继续请求道。

"乖孩子，听叔叔的话。"吉尔斯又喝了一口酒。

突然，小女孩站了起来，两只眼睛亮亮地盯着吉尔斯，流露出一股怪异的神慌片刻，她见吉尔斯并不理她，一摔手中的汤匙，跑出了帐篷。另一个亚波利吉尼人见状，追了出去。吉尔斯感觉有些奇怪，也站起身子，走到帐篷外面看个究竟。

帐篷外发生了可怕的情况：100多个亚波利吉尼人手持盾牌和长矛，摆出战斗队形，全副武装地朝着帐篷步步逼来。当他们发现吉尔斯出现在帐篷口的时候，便向他放箭。吉尔斯本能地掏出枪来，朝着亚波利吉尼人的队伍开枪射击。

帐篷里的探险队员听到枪声，纷纷拿起长枪冲了出来，对亚波利吉尼人轮番开枪。一场混战打得异常激烈。终于，长枪战胜了长矛，亚波利吉尼人溃退了。在打扫战场的时候，吉尔斯没有找到那个小女孩。这时，他回想起小女孩执意要他出来看星星的事情，才恍然大悟。原来，小女孩是想警告他，亚波利吉尼人即将发动进攻，但当时帐篷里还有另一个亚波利吉尼人，她又不好直说，吉尔斯不能领悟她的意思，小女孩只好自己跑出帐篷，想把吉尔斯引出来。吉尔斯后悔不迭。

好多年以后，吉尔斯仍然挂念着那个亚波利吉尼小女孩，清楚地记得那天晚上发生的事情。小女孩那副怪异的神情经常在他的眼前闪现。

◆ 踏遍黄沙人未老

当吉尔斯在澳大利亚探寻富庶天堂之时，澳大利亚另一位著名探险家弗雷斯特，也吹响了向澳大利亚西部这块广阔无垠的荒漠地带挑战的号角。

1874 年 3 月，弗雷斯特带着一支探险队，从位于哈特曼·阿布罗尔霍斯对岸的哲拉尔郭出发，开始了澳大利亚西部的探险。在澳大利亚，此时刚过了如火的盛夏，是探险的黄金季节。他们没有按照传统的探险路线由澳大利亚著名的电报线路向西而行，而是选择了一条全新的路线——沿海岸向东行进到电报线路。

弗雷斯特对这次探险做了周密的考虑和安排。为了找到一个当地的好向导，他特地来到一个亚波利吉尼部落中，在得到他们的信任后，向部落的首领提出了自己的要求。

"尊敬的酋长，我之所以从悉尼来到这里，并非一时的冲动。我来请求您的帮助。请您派遣一位骁勇的战士，帮助我从这里走到马斯格雷夫山脉……"

不等弗雷斯特把话说完，酋长瞪大眼睛，吃惊地问道："什么？你要从这里走到马斯格夫山脉？我告诉你，那里除了沙漠，什么都没有。"

"可是，我不去那里又怎么能证实呢。"弗雷斯特坚持自己的意见。

"好吧，"酋长让步了，他环顾了一下左右，问道，"你们有谁愿意跟这位弗雷斯特先生去寻找绿洲的？"

一片沉默，酋长觉得脸上有些挂不住，沉下声音问道："难道在我的部落里就没有勇敢的人吗？"

这时，一位纤瘦的亚波利吉尼战士站了出来，他用手中的长矛在地上顿了顿，嚷道："酋长，我去！"

酋长闻声大喜，"好！比艾尔，你不愧是我的勇士。弗雷斯特先生，就让比艾尔跟你一起去吧！"

几天以后，比艾尔跟着弗雷斯特探险队，骑着马儿沿着默奇森的河谷向上游进发了。

"比艾尔，这默奇森河的源头是什么？"弗雷斯特信马由缰，试图和他身边的这位亚波利吉尼战士套近乎。

比艾尔看了看弗雷斯特，慢条斯理地说道："你要是沿着这条河走，除了大山还是大山，这水就是从山上流下来的。如果再走上几天，你就会发现无路可走了。至于你说的马斯格雷夫山脉，我们部落里根本就没有人去过，谁也不知道这座山在哪里，只是听说那是太阳升起的地方。"

"那好呀，比艾尔，我们就去寻找太阳升起的地方吧！"弗雷斯特故作轻松道。

"队长，你看。"有个队员突然叫了起来，打断了弗雷斯特的话。

弗雷斯特觉得眼前豁然开阔起来。原来他们在不知不觉中走到山谷的出口，眼前展现出一望无际的荒滩，硬实的沙地上铺满了大大小小的卵石，间或有几丛灌木。弗雷斯特不由地立马驻足，举目眺望，半晌，他才转过身，对大伙儿说：

"我们就从这片荒滩穿过去，看看那边究竟有什么在等待我们。你们看，这里的坑洼和灌木，说明从前这里有水源，至少在地下仍然有相当的湿度，说不定前面会有什么呢。"

弗雷斯特说完，扬起马鞭抽了一下他的坐骑。弗雷斯特的马冷不防被主人一拍，吃了一惊，蹦了起来，顺着下坡的山势，冲了下去。只听到一声沉闷的声响，弗雷斯特从马背上摔了下来，那匹雪青马撒欢儿似地继续往坡下冲去。待大伙儿赶到半坡处扶起叫唤不止的弗雷斯特的时候，发现弗雷斯特不仅蹭伤了脸和膝盖，更严重的是他把手给摔坏了。

"哟，我的手……"弗雷斯特大呼小叫地，显得痛苦万状，全没了几天来的潇洒和自信。

比艾尔认真地替他查看了一番，发现弗雷斯特左手骨折了。

"队长，怎么办？"比艾尔有些束手无策。

"没关系。"弗雷斯特咬紧牙关，反而安慰起比艾尔来，"你去那边灌木丛里折些稍粗点的枝条来帮我固定一下。"

弗雷斯特忍住剧痛，让比艾尔帮他进行复位，然后用衬衣撕成的布条把受伤的胳膊固定在树枝上。等比艾尔帮助做完这一切，弗雷斯特早已是大汗淋漓了。两人不约而同地长长地喘了口气，瘫坐在地上。

"好了，比艾尔，这下我成了残废人了。"

"那有什么关系，嘿嘿。"比艾尔憨憨地笑了笑，说道，"反正又不用手走路，要紧的是脚没有摔坏。"

弗雷斯特听比艾尔这么一说，心里也暗暗庆幸，这真是不幸中的万幸了。

此后的日子真是枯燥乏味至极。他们日复一日地在荒漠里跋涉着。弗雷斯特担心的是粮食和饮水问题。尽管在出征之时，他已早有准备，带了尽可能多的粮食和饮用水，还带了不少高热量的腌牛肉和威士忌酒。但随着时间的推移，弗雷斯特最担心的事情还是发生了，在他发现粮食将要耗尽的时候，沙漠依然没有尽头。

"比艾尔，我们剩下的粮食已经不多了，在这种鬼地方，要想找到食物几乎是不可能的，你看……"弗雷斯特用征询的口吻对比艾尔说道。

比艾尔坐在地上，想了半晌，也想不出什么好办法来解决眼前这道难题。他只是抬着头，毫无意义地望着天空，任思绪随风飘荡……

"比艾尔！"弗雷斯特的叫声打断了比艾尔的思绪，使他又回到了很无奈的现实当中。

"什么事？"

"你去把马宰了，只要留下一匹驮运行李就够了。再扔掉一些东西，这样，不仅可以解决吃的问题，还可以走得更快一些。"

比艾尔与其他几个队员一起卸掉了那匹雪青马背上的行李，用绳子捆住了雪青马的四只蹄子。但当比艾尔从腰间拔出匕首，准备动手的时候，他的心颤抖了一下。他搂住已经瘦得不成样子的雪青马的脖子，低声呢喃道："雪青马呀雪青马，不是我比艾尔狠心，队长也舍不得你。但不杀了你，我们就走不出这块荒凉之地……"

雪青马好像听懂了比艾尔的话，轻轻地晃了下脑袋，流下了两行清泪。比艾尔咬咬牙，一刀杀了雪青马。

那一夜，弗雷斯特和比艾尔都喝得大醉。

第二天，太阳升起的时候，他们又踏上了东进的征途。这片广阔的戈壁，属西澳大利亚沙漠地区，位于南纬25°～26°，是他们这次澳大利亚西部之旅最艰苦的一段。在这段迢迢征途上，他们经过了一个又一个干涸的河谷和一系列的沙漠咸湖，却一直找不到可以饮用的水源。直到8月，澳大利亚的冬季降临之时，他们才进入吉布森沙漠和维多利亚大沙漠之间的沙漠带。在这层层叠叠涌动着的沙浪中，他们又经受了一场新的考验，那不仅仅是沙漠里通常所见的缺乏食物和水，还有风沙和寒流。入冬后的沙漠，多数的时间里都是一副阴惨惨的模样。风很强劲，脚底的沙却很软，仿佛随时都有陷阱似的。一步一个窝，走起路来特别费劲，一天走下来全身散了架似地疼。

夜幕降临，沙漠里的气温越来越低。比艾尔冻得浑身发抖，难以入眠。他干脆爬起来，跑进弗雷斯特的帐篷，问他还有没有酒。弗雷斯特其实也没睡着。于是，弗雷斯特就留比艾尔在自己的帐篷里，两个人谈了整整一宿的话。

又经过了10多天的跋涉，弗雷斯特探险队终于看到了马斯格雷夫山脉。一直到9月底，他们才到达皮克河，走到了贯穿澳大利亚的电报线路。

弗雷斯特的探险，是澳大利亚西部沙漠地区最后一次主要探险。

就这样，从1872年起到1876年止，位于南纬20°～30°线的澳大利亚中部和西部十分广阔的沙漠地带终于被发现了。不仅如此，人们还从不同的方向穿越了这个沙漠地带。这个沙漠地带基本上可以划分为三大块：北部的大沙沙漠，中部的吉布森沙漠和南部的维多利亚大沙漠。

◀ 打开西部新通道

　　他身高 1.82 米，显得瘦长，但很结实。乍一看，他是个地道的山里人，实际上他是一个皮货商和探险家。尽管他和他手下的人在南加利福尼亚莫哈维沙漠中已经走了两个星期，15 匹马死于炎热、饥渴和体力衰竭，人也瘦得皮包骨头，但他那削瘦的面颊，深陷的蓝眼睛，仍给人以机智、勇敢和顽强的感觉。今天的美国人大概都不会忘记，他就是 160 多年前，从东部穿过落基山脉和莫哈维沙漠，进入加利福尼亚，再由西部开辟新航路的第一个美国人史密斯。

　　史密斯于 1798 年 6 月 24 日出生于美国纽约州，受过中产阶级那种广泛的教育。他读过大量关于美洲探险的书。这对他后来的生活道路和性格有着很大的影响。

莫哈维大沙漠

　　史密斯从十几岁起，就在伊利湖的货船上做工。22 岁那年，他从一个刊物上看到阿什莱将军登的一则广告，鼓动"有事业心的青年们，去追溯密苏里河的源头，在那儿工作一年、两年或三年……"。阿什莱将军是两个皮毛贸易公司的合伙人。对经商和探险充满憧憬的史密斯就前去应试，竟被阿什莱将军看中了，说他是"聪明自信的年轻人"。后来，他就当了一任密苏里民兵的上尉，又成了皮毛公司的一位合伙人。在这期间，史密斯到过比以前任何人都多的山区，特别是他开辟了一条俄勒冈通道，使后来的成千上万人，通过这条通道，迁移到太平洋沿岸定居；他探索了蒙大拿的弗拉特洛德地区；还是最早看见并到达北犹他州大盐湖的人之一。

1826 年，史密斯感到和阿什莱将军合伙有些约束，就退出来，和另外两个山地人大卫·杰克逊、比尔·萨布莱蒂合伙，建立了自己的皮毛商行。同年 8 月史密斯领着 15 个人和 50 匹马组成的捕猎队，离开大盐湖，向西南方向出发，寻找新的猎场。他的一队人都是剽悍强壮、饱经风霜的。但是由于大盐湖周围尽被沙丘、盐碱地和沼泽包围着，他们一走出大盐湖区，就陷入了一个人迹未到过的沙漠地带，行程十分艰难。出发前，每匹马都驮着沉甸甸的装备，有 6～10 个河狸夹子，1 条毯子和 1 双备用的鹿皮鞋，还有一些用来换取新的坐骑和给养的货物，包括斧子、咖啡壶、水壶、大杯子、火药和霰弹等。此外，他还带着够吃 3 个星期的牛肉干和水。按说，这已达到了探险队必须做到自给自足的要求。但是一进入沙漠就由不得自己了。牛肉干和水已经少得可怜。

已经 3 个星期了，地面仍是光秃秃的，到处都是红沙，有些岩石裸露出地面，虽然红红的，光彩十分夺目，但队员们无心去观赏。偶尔能看到一些矮小的桧树，什么鸟兽都看不到。有的马已经死了，有的累得站不住了。史密斯干脆开枪把它们打死，让队员们去分吃那些血和肉。即使这样，队员们还是急切地盼着能找到水，有的甚至发牢骚说："如果不能很快找到水，我们就都完了！还不如自逃活路吧！"

又过了 5 天，到了 9 月中旬，他们找到了一个月来第一个水源。那个地方叫玉米河，后来叫圣克拉拉河，是维尔京河的一个支流。人和马尽情地痛饮了一顿。在这里，他们遇到了印第安人的尤特部落。经打手势，同犹特人换了些玉米和南瓜。但过了玉米河再往南，情况就更糟了。队员威尔逊又埋怨说："老板

你知道吗

霰弹

霰弹为子弹的一种。弹壁薄，内装黑色炸药和小铅球或钢球，弹头装有定时的引信，能在预定的目标上空及其附近爆炸，杀伤敌军的密集人马。

（指史密斯）疯了，把我们尽往荒凉地方引，应该马上回去！"没几天，队员

彼得·兰恩的马——比斯科特也倒下再也爬不起来了，马的眼睛已经发愣。其他的马也好不了多少。从大盐湖出发时带的 50 匹马，几乎死去了一半。另有两个队员由于忍受不了沙漠的折腾，开了小差，牵走了他们的坐骑。史密斯多次感到，把那些忠心耿耿跟着主人走的马打死，实在是不好受，但环境迫使他不得不再一次下狠心，亲自开枪把比斯科特打死了，接着再由大家分吞它的血和肉。到了 10 月底，仍没有走出红沙地。马又先后死了几匹，剩下的几乎都不行了，膘全掉光了，皮毛也失去了光泽，毛都干了，有的连大便都没有了。人的情况也并不好，一个个脸颊都干瘪了，双眼深深地陷下去，加上满脸沙尘，猛一看就像两个黑洞，怪吓人的。他们每走一步，都得费很大的劲。

偏偏在这时候，他们又遇上了两个印第安人。这两个人都有 6 英尺高，体格健壮，身上刺着花纹。他们对史密斯一伙人入侵他们的领土非常生气。史密斯的人也立即摆好了阵势，随时准备保卫自己。那两个人一看到对准他们的枪，立即跑了回去。但时间不长，在前边不远处又出现了不少武装的印第安人。他们的箭已上了弓弦。有的手持短刀和涂着红颜色的棍棒。两旁稀疏的树丛中也有他们的人。再往远处，还可以看到一些用木头搭成的低矮的房子。根据史密斯的了解，这是印第安人中的莫哈维人，他们向来是成群结队地进攻的，个个英勇善战。捕猎队根本不是他们的对手。现在他们已完全挡住了去路，等待着他们的头领发出行动的信号。而一旦他们进攻，捕猎队就完蛋了。史密斯想，既然莫哈维人住在这里，就说明这里有生存的条件，何不借这里休息一阵子呢？想到这里，他灵机一动，立即下了命令；谁也不许开枪，谁也不许动，也不许露出任何害怕的神色。然后，他放下枪，打开备用包，从中取出一些火石、打火机、用作捕猎河狸诱饵的香料、钻子和绸缎等交换物和几样小纪念品。他拿起其中的几件，双手捧着举过头顶，并慢慢地向前迈了一步，又迈　步。他想以自己的小心谨慎和友好表示，换取莫哈维人的好奇与和解。然而一个莫哈维人还是跑了过来，手中的刀尖几乎逼到了他的喉咙口。这时，史密斯仍很镇定。他对手下的罗杰斯说；"如果我出了事，你立即把人集合成一个方块，准备保卫自己的生命。"然后，他对用刀逼着自己的莫哈维人说："我献上礼物。我向上帝祈祷。希望这些礼物被善意地接受。因为我的人马无法抵挡长时间的进攻，即使能逃脱，也只能面临另一种灾难。"大概是莫哈维人明白了史密斯的意思，慢慢又过来一个年轻人，打量了他一会，见确无恶意，才从他手里接过了礼物，双方的紧张气氛开始缓和下来。史密斯把他的人也带到前面来，待莫哈维人同时放下武器后，他们才安全地进了村子。

知识小链接

玉　米

玉米，亦称玉蜀黍、包谷、苞米、棒子；它是一年生禾本科草本植物，也是全世界总产量最高的粮食作物。

原来，这里是莫哈维山谷的边沿，远处可以隐约看见雾蒙蒙的青山。这山谷里长着好几种树，还有能吃的豆类、玉米和瓜果。队员们看见绿色的山谷，好似进了天堂，全身的疲劳似乎都没了。在这里，他们获得了休整的机会。他们和当地居民相处得很好，换到了粮食和瓜果；修好了一路上损坏了的装备，换下了无法修补的部件；还打听了加利福尼亚的情况。据说加利福尼亚就在西方，但路很不好走，要经过一望无际的沙漠，还要穿过一座深山。在这以前，还没有白人走过，连莫哈维人也不敢再试图冒险了。可是，史密斯却已经下了决心，要打开这条通道，到加利福尼亚去。11 月初，他又设法添置了 30 多匹马。一切准备就绪之后，就重新上路了。在两个莫哈维人向导的带领下，很快就进入了当地人一再警告的莫哈维沙漠。

这片沙漠昼夜温差极大，年降水量不及 127 毫米。史密斯的人马进入沙漠已经是第 15 天了。从莫哈维山谷带来的粮食和水早已光了，只能靠死马的血和肉维持生命。现在又是一天中最热的时候。眼前的沙漠仍望不到边际。太阳火辣辣的，烤得人不敢仰头。地面沙子和岩石的反光又十分刺眼。连一点可以遮挡阳光的树荫都没有，偶尔看到一些低矮的灌木丛和仙人掌，但树荫下只能躺一只小狗或是小猫、小白兔什么的，怎么也躺不下一个人或一匹马。

没办法，他们只好挣扎着在沙里挖坑，把自己脖颈以下的身躯全埋进去，这样既可以使他们不致全部脱水，还可以把从坑里挖出来的沙子堆成小沙包，为他们的头和脸部遮挡阳光。队员们一躺下就不想再站起来，甚至连发牢骚的力气都没了。史密斯作为头领，忍耐性似乎比别人都强。他拿出一种只有在焦干土地上才能生长的菜梨，一边把它切成片分给大家慢慢咀嚼，以便嚼出汁来，一边给大家讲故事，讲前

拓展阅读

探险能领略民风民情

我国是一个多民族国家，56 个民族各有他们自己的独特的民族风俗、节日及其风情，许多节日及其风情是令我们羡慕的。而要领略各民族的丰富民族文化及其风俗风情，我们也只有走出都市，到山乡野外及民族村寨才可以真正接触到。

景。他往往把前景和故事揉合在一起来讲。尽管他也承认自己在说谎，但在最困难的时候，他还是要这么讲，而且总是把前景描绘得十分美好，还一再提醒说那境地并不远，很快就能看到的。正是靠了这种领导才能和善于鼓动的天才，史密斯一遍一遍地激励着大家，一次一次地战胜炎热、饥饿和疲劳，一回一回地死里逃生，一步一步地又挣扎着前进，并最终走出了沙漠，到达美丽富饶的圣贝纳迪诺山谷，使他们成为从东部穿过落基山山脉进入加利福尼亚的第一批人。

➤ 沙漠中的"鬼城"

纳米比亚南部小城吕德里茨美得苍凉寂寥：她的北、东、南三面紧围着浩瀚的纳米布大沙漠，西面则是巨浪排天的大西洋。半小时前在小城内徜徉时，扑面而来的全是怡人的暖意，一到大西洋边，惊涛和劲风顿时使人寒冷得战栗起来。其实，这本来就是一块充满风暴的海岸。1488 年 1 月，葡萄牙

航海家迪亚士为探索通往东方航路带领的那支船队就是在这里遇到强风暴，被风暴裹挟了十几天后，于不知不觉间绕过了好望角，在人类地理发现史上写下了传奇的一笔。

葡萄牙人来也匆匆，去也匆匆，纳米比亚最终成为迟到的德国殖民帝国在非洲大陆唯一的殖民地，吕德里茨城内满眼尽是古典的德式房舍。作为纳米比亚最大钻石公司纳米德比公司的客人，我们被引领到山腰间一座写有"格尔克博物馆"字样的白色石砌房屋。主人说，这里便是你们的下榻处。这不是一座博物馆吗？

吕德里茨小城

是的，主人回答说，这座德式风格的房产属于纳米德比公司，它在白天是供人参观的博物馆，夜晚便是本公司的贵宾客房。

"鬼城"的雅称是科曼斯库普博物馆。其实，这座博物馆就是一群零星点缀在无垠沙海中的残败建筑物，颓垣断壁多已被黄沙掩埋，但室内的酒吧台、九柱戏球道、宽绰的大舞台仍在顽强地诉说着一段由人类贪婪追求财富催化的盛衰兴亡史。

广角镜

钻 石

　　钻石是指经过琢磨的金刚石，简单地讲，钻石是在地球深部高压、高温条件下形成的一种由碳元素组成的单质晶体。如今，钻石是大众可以佩戴的宝石。钻石的文化源远流长，今天人们更多地把它看成是爱情和忠贞的象征。

20世纪初，德国人已将铁路修到了吕德里茨。一个名叫莱瓦拉的黑人铁路工人于1908年发现了一颗奇石。曾在南非"钻石之城"金伯利呆过的莱瓦拉认定这就是钻石，随后将它交给了作为上司的德国人施坦茨。铁路管理员施坦茨悄悄地对钻石进行鉴定后，又一声不响地将发现钻石的那片沙漠土地所有权买了下来。几周以后，经专家鉴定，那颗钻石被确认为质量等级上乘。施坦茨随即办妥开发证书，在吕德里茨的德国人尚未醒悟之前，他早已将一块新的世界钻石产地据为己有。

消息传开后，一场新的钻石风潮骤起。为筹集开发资金，施坦茨于 1901年在德国柏林成立了股份公司，他本人持有 20% 的公司股份。往日的荒凉沙漠成为趋之若鹜的宝地，第一次世界大战之前，全世界 20% 的钻石产量来自这里的矿井。随之而来的便是施坦茨本人的暴富和奢靡。财富为施坦茨带来了诸般机遇，他首先引进了紫羔羊畜牧业，又一度成为德国驻南非联邦贸易专员。那个最初发现钻石的黑人莱瓦拉则被施坦茨雇为马车夫，"一战"期间被送回南非地区，从此以后便再无消息。

人类对钻石的狂热追求神奇地使一片大漠变成了伊甸园。酒吧、剧院、赌场、邮局、健身房纷纷在沙漠中建起；剧场内常常一连 3 天举行舞会，专程从欧洲赶来的歌舞团时常光顾这里；人们追逐着欧洲最流行的时尚，香槟酒和鱼子酱成为每日必需品，未切割的细碎钻石常被用来充任赌物和货币；房屋和水电的供应是免费的，人们还可以每天免费得到一小口袋冰块。小城中甚至建起了一座配备着先进 X 光设备的医院和一个矿泉水生产工厂。

然而，第一次世界大战和随之而来的经济衰退使这里遭受了第一轮沉重打击。奥兰治河以北发现新的钻石产地的消息更加重了这一打击，到 20 世纪40 年代，纳米比亚所有钻石矿业活动都集中到了科曼斯库普以南 250 千米的地方。至 1956 年，科曼斯库普已完全被人抛弃，成为一座杳无人烟的沙漠"鬼城"。那个借钻石建起一个财富帝国的施坦茨的命运更为独特：20 世纪 30年代的一场大衰退过后，他的全部财富仅剩一个农场。1938 年，拖着病体的施坦茨回到德国，在布雷斯劳大学致力于物理学和哲学研究。1947 年 5 月，69 岁的施坦茨在贫困中病死，身上仅剩下 2 马克 50 芬尼。

世界的著名沙漠

　　沙漠在地球上占据着三分之一的土地，在五大洲上均有它们的足迹。其中，以非洲的撒哈拉大沙漠最大，它几乎占满非洲北部全部。

　　除此之外，还有亚洲的塔克拉玛干等沙漠；中东的沙漠；美洲的沙漠；大洋洲的沙漠。

　　在这些沙漠中，还有许多著名的沙漠，纳米布沙漠、卡拉哈里沙漠、塔尔沙漠、岩塔沙漠、卡拉库姆沙漠、索诺兰沙漠等。

撒哈拉沙漠

在非洲北部，西起大西洋东岸，东至红海之滨，横亘着一片浩瀚的沙漠，这就是世界上最大的沙漠——撒哈拉沙漠。

撒哈拉沙漠

"撒哈拉"一词，阿拉伯语的原意是象征广阔的不毛之地，后来转意为大荒漠。按照地表的组成物质，荒漠有岩漠、砾漠、沙漠和泥漠之分。不过，人们通常把荒漠通称为沙漠。撒哈拉沙漠地处副热带高压带，气候炎热干燥，素有"热乡"之称。撒哈拉沙漠水源贫乏，植物稀少，地势平缓。

近三四万年以来，撒哈拉地区的气候曾经历了几次明显的干燥期和湿润期的交替变化。

据研究，在距今4万~2万年的时期里，撒哈拉地区是一个湿润气候时期。此时，降水量较大，地面蒸发量较小，植物茂盛，河流纵横，湖泊成群，洪水经常泛滥，原来的沙丘面积大为缩小。至距今2万~1万年的时期里，这里气候变为干燥。此时，降水量减少，地面蒸发量增大，植物稀少，河流断水成为干河谷，湖泊缩小甚至干涸或咸化为咸水湖，风沙频繁，沙漠范围大大扩展。在这干燥期以后，这里的气候又趋向湿润。至公元前3500年前后，撒哈拉地区已变为高温潮湿气候。这时，雨量丰沛，草木繁茂，湖河充盈，水域面积达到最大。

从公元前3500年以后，撒哈拉地区气候又趋向干燥，茂盛的森林逐渐转化为草原，成为羚羊、长颈鹿等动物的乐园，河马、水牛等动物绝迹，捕鱼业也不复存在。公元前2000年以后，气候干燥程度加剧，只有公元前750年和公元 500 年前后有过两次短暂的雨水稍多时期。由于气候长期干燥，导致河流断流，湖泊变小、干涸或消失，植被枯萎退化，由草原变为沙漠，许多草原动物被迫退出撒哈拉的历史舞台。

今日的撒哈拉，是世界上面积最大、最典型的热带干燥地区。这里的气温年变化和日变化都达到 15℃ ~ 30℃，绝对最高气温达 45℃ 以上，地表温度可达 70℃，年降水量除边缘地区外，绝大部分地区不足 50 毫米，有些地区常年万里晴空，不见滴雨。

撒哈拉沙漠风沙盛行，沙暴频繁，尤其在春季，是沙暴的高发季节。沙暴来临时，狂风怒吼，飞沙走石，霎时间天昏地暗，黄沙吞噬了大漠中的一切，交通被迫中断。几小时后，沙暴平息，街巷、广场、房舍，到处都是一层厚厚的沙尘，树林前缘，常堆起沙堆或沙丘，可是天气特别晴朗，令人有风过"沙山分外明"的感觉，沙漠中的一切景物，好像比平时更为清晰。沙漠中的风暴，把碎石、沙子和尘土吹走，留下的岩石裸露地表，这里便成为岩漠。岩漠又称石漠。岩漠中常常见到各种造型的独特的地貌形态。

地面上堆积的沙粒被风刮走，留下了石块、石子，这里便成为砾漠，也就是人们常说的戈壁。戈壁滩上的砾石，白天受炽热的阳光不停地照射，连砾石裂缝间含有的一点水分也无法保存，但被水分溶解的一些铁锰之类的矿物质，却凝聚在砾石表面上，形成一层乌黑发亮的硬壳，使戈壁滩上一片漆黑，人们通常称它为"沙漠岩漆"。地表砾石，经风沙的长期磨蚀，表面便形成与风向相同的磨光面，磨光面之间有一个明显的棱脊，这种砾石叫风棱石。由于风棱石的磨光面与常年风向一致，所以是戈壁滩上可靠的风向标。

当地沉积的大量沙土，被风吹刮，细的尘土被吹走，沙子留下来，再加上风沙中挟带的沙子，带到这里来沉积，这样使地面上的沙子越积越多，便形成沙海——一望无际的沙漠。

沙暴骤起，黄沙弥漫，流沙滚滚，沙丘顺风移动，吞没大片沃土、牧场，掩埋许多城镇、村庄，阻塞道路交通。沙暴把大量的沙子卷到大西洋沉积，造成面积达 6 万平方千米的"海底撒哈拉"。

在浩瀚的沙漠里，也有人间天堂——绿洲。绿洲是地下水出露或溪流灌注的地方。这里渠道纵横，流水淙淙，林木苍郁，景色旖旎，从高空鸟瞰，犹如沙海中的绿色岛屿。绿洲是沙漠地区人们经济活动的中心。绿洲的外围是棕榈林，林间空地是开垦的农田。田间种植各种农作物，最普遍的是枣椰树。枣椰树的果实椰枣甜美多汁，被用来做主食，树干用来搭房架，叶柄用来当柴火，叶子用来扎篱笆和盖茅房，叶子纤维用来制扫帚、篮子和水囊，树皮用来做绳索和骑垫。

棕榈林的深处隐藏着村镇。这里的民房是土木结构，墙壁厚实，顶上用黄土垒平，屋里冬暖夏凉，既能防炎热，又能防沙暴。10 月是撒哈拉沙漠的黄金季节，是沙漠商队起程的好时光。在撒哈拉沙漠的民间贸易全靠商队来沟通。

一支商队由 10 多个人和 100 多峰骆驼组成。他们的目的地是绿洲。当他们来到绿洲后，宿营在绿洲的外面，当地穿红着绿的妇女和姑娘们，就背着椰枣和商队的小米进行易货交易。在沙漠里，盐几乎同黄金一样昂贵，商队把质量好的盐带回家乡出售，价格可以比原价高出十几倍，所以盐也是商队交换的一种主要货物。商队的到来，增添了绿洲集市的贸易气氛。

20 世纪 50 年代以来，撒哈拉沙漠中陆续发现了石油、天然气和铀、铁、锰等矿产资源，素称不毛之地的撒哈拉沙漠，现今被誉为"能源和矿产的宝库"。

撒哈拉变为世界上最大的沙漠以后，气候十分炎热干燥，植物非常稀少，沙丘连绵，戈壁无垠，地广人稀，在这样的地方，似乎应该是生命的绝境。

其实不然，这里存在着 300 多种动物。最招人喜爱的动物是羚羊，人们称它为"沙漠的儿女"。羚羊性情温和机灵，奔跑的速度很快，一小时可达 60～70 千米，特别喜欢同汽车赛跑，以沙生植物为食，其肉味美，皮可制皮革。

沙漠中的狐狸，名叫沙狐，生性狡猾。人们喜欢把幼狐带回去喂养。可是，它贼性不改，长大后，表面上看虽然很温驯，但是每到夜晚却外出偷食，骚扰四邻。沙狐生活在沙漠戈壁的草滩、丘坡上，昼伏夜出，行动诡秘敏捷。它们主要捕食沙鼠、野兔、鸟类和鸟蛋为生，也捕食爬行动物和昆虫。沙狐是珍贵的皮装原料。

撒哈拉沙漠有许多多姿多彩的鸟类，有百灵、沙漠莺、沙鸡、野鹅、鸨等。它们三五成群，有的居住在悬岩峭壁的风蚀洞里，有的出没在沙丘的灌木丛中……多行走而少飞翔，具有特有的保护色，因而人们往往只听到鸟鸣声，而不见它的影子。鸵鸟是现代世界上最大的鸟，身高约 2.5 米，体重 150千克。鸵鸟是杂食性动物，很能适应沙漠环境，一般都群居；蛋特别大，每只重 1 千克左右；两翼已经退化，不能飞翔，可下肢却特别粗壮发达，在沙漠里奔跑如飞，每小时可达 40 千米，撒哈拉沙漠的鸵鸟，是世界沙漠中鸵鸟的奔跑冠军。

> ### 知识小链接
>
> #### 沙 鼠
>
> 沙鼠广泛分布于非洲、印度以及亚洲其他地区和欧洲的荒漠草原、山麓荒漠、戈壁和沙漠。

撒哈拉沙漠常见的爬行动物是蜥蜴。蜥蜴吃东西从来不咀嚼，哪怕像自身一样大的食物，也是一口吞下去。身上生着很厚的角质和鳞片。蜥蜴居住在洞穴里，或钻入沙丘，常和沙子打交道，为了防止沙子吸入肺腔，在鼻孔里生长着一种特殊组织，吸气时就立即竖起来，聚缩进气孔，使沙子不被吸入，另外，鼻孔里还有一对很发达的腺体，不时地向外流出黏液，排出鼻孔里积累的沙子。蜥蜴中最大最凶的是巨蜥。它身长 1 米多，皮肤似树皮，害怕阳光，白天钻入沙丘，晚上四处活动，行如穿梭，常常伏在树枝上"守株待兔"，

撒哈拉沙漠中的鸵鸟

捕食鸟、蛇、虫等动物，遇人便张开大口，发出凶猛的怪叫声，准备咬人。巨蜥咬了人虽然很痛，但往往因祸得福，从此对毒蛇具有免疫力，使人能免遭毒蛇之害。

沙漠里，人们最熟悉的动物莫过于骆驼了。骆驼能长途跋涉，横穿瀚海，是沙漠里的重要交通工具，被誉为"沙漠之舟"。撒哈拉沙漠的骆驼，全为单峰驼，蹄子扁平，脚掌和腿骨之间有块弹性肌肉，还有肉垫状的胼胝体，在沙漠戈壁地上行走自如，十分平稳。骆驼在沙漠戈壁中能耐热耐寒，又能忍饥耐渴。它的体温能随周围环境而变化，不管外界气温有多高，天气有多热，它本身能自行调节体温与外界平衡。单峰骆驼的饲养不需要精饲料，沙生植物的叶子、枝条就是它的美味佳肴，甚至干燥粗硬的麦秸也会感到满足。

撒哈拉沙漠中的单峰骆驼

骆驼忍饥耐渴的本领，有人说是因为骆驼背上的驼峰里装满着水，随时可以得到补充，所以几天喝不上水，也能坚持，不会有什么危险。其实不完全对，驼峰里除了贮存水分外还有粗脂。当骆驼得不到食物补充时，就会动用驼峰里的养分和水分来维持生命。大漠中气候非常干旱，地表水源奇缺，空气也特别干燥，所以只要有水井或水源，干渴的骆驼靠本身的特异功能，在数千米外就能闻到水汽，找到水源所在地。一只干渴的单峰驼，一次的饮水量能达几十千克，等于本身体重的三分之一。这些水经过胃被输送到全身。在旅途中无水的情况下，单峰驼可以持续7天不喝水，只吃点粗硬的干草。负载200千克货物的骆驼，只需消耗很少的草和水，就能在沙漠里走几个星期。

有两位美国学者在撒哈拉沙漠做了一个试验：把几只骆驼拴在太阳下暴晒了8天，不给水喝，结果骆驼体重减轻了20%，的确变得"骨瘦如柴"了，但是它们仍然以惊人的毅力，忍受着干渴，顽强地活着……不过，如果超过了它们忍受极限，它就会躺倒，安静地等死，再也没有任何办法使它再站起来了。此外，骆驼很少张嘴，呼吸的频率低，也可以大大减少体内水分的散发。在炎热的白天，它本身又有调节体温的功能，因此很少出汗。单峰骆驼性情温顺，不论是谁，只要牵动它的缰绳，就听谁使唤。

骆驼虽然吃的是草，但是它却浑身都是宝。骆驼皮可以制作各种皮革制品；骆驼的毛绒是高级毛纺原料；驼奶和奶酪是美味食品；骆驼的骨骼是工业原料和有机肥料；骆驼的粪便晒干后还是沙漠居民上好的生活燃料。总之，骆驼的一生无求于人类，却对人类的奉献甚巨。

➡️ 纳米布沙漠

动物学家乘坐的考察飞机在非洲西南部的纳米布沙漠上空飞行着，忽然前方的沙漠升起了一片尘雾，从雾中出现了一头狂怒的公象，它是冲飞机的引擎声而来的。

沙漠中也有象吗？是的，这些如幽灵般的动物并非是海市蜃楼。大象漫游于沙漠之中，长颈鹿出没在荒芜的平原上，黑犀爬行于陡峭多石的山崖上，山地斑马和羚羊一边吃着季节性生长的绿草，一边以警觉的目光防备着狮子；狮子的踪迹遍及通向海边的道路，它们比其他地方的狮子要幸运，可以捕捉和品尝到海豹和其他的

纳米布沙漠中的狮子

海洋动物；众多的小型动物奇妙地适应和生活在这片似乎是不毛之地的沙丘中，沙丘上石榴红的沙子闪烁着玫瑰般的色彩，时而沙子沿着陡峻的山坡缓慢地泻下，伴随着巨大的轰鸣声，久久回荡在纳米布沙漠的上空……

纳米布沙漠位于非洲西南部的大西洋沿岸。从海岸向内陆伸展的宽度为

130~160 千米，地势由西向东逐渐升高，直至海拔达 900 余米的大陆崖山麓。

纳米布沙漠已有 5500 万年的历史了，它是世界上最古老和最干旱的沙漠之一。沙漠海岸又被称为"骨骼海岸"，海边至今仍零乱地散布着众多先前失事船只的遗骸，无言地述说着悲惨的往事。那些失事船只的水手们在最初登上这片海岸时，曾经因为获救而纷纷跪下来感谢上帝，可谁知他们又重入死亡境地，竟然难以穿越这片荒芜似禁区般的沙漠，最终只有在缓慢的痛苦中死去。如今，沿着这片沙漠海岸建起了斯克尔顿海岸公园。

骷髅海岸

纳米布沙漠的地面上覆盖着大片的流沙。纳米布沙漠几乎处于无雨地区，年降水量在沿海地区不超过 13 毫米，大陆崖山麓也不过 50 毫米。维持沙漠地区生态系统的是一连串季节性的河流，它们从内陆的高地到海边形成了数百千米的河道。今天只有在东部高地有充分的降雨时才偶尔使这些河道流动起来，但这决非是每年都有的事，即使河水流动起来，最终的结果是在到达大海之前早就渗入沙土之中了。

虽然河床常常是干枯的，但沙子下面仍保持着不少水分。水使得这些干旱的河床变成了"线状绿洲"，沿着这些生命之脉，野生动物可以找到的泉水，大象用它们的长鼻挖出新的水源，靠吃河岸植物而生活。在干旱严重时，野生动物被迫迁至海岸。

本格拉洋流沿着海岸向北前进，带来了南极的水流。当远离海岸温暖的西南海风扫过凉冷的本格拉洋流时，就形成了雾，它是纳米布沙漠最主要的降水形式。在沙漠死一般沉寂的夜晚，海雾轻轻掠过像月球般忧郁和荒凉的沙漠平原和岩石坡时，树叶、岩石、草木，甚至一切动物的体表，都凝聚起了水珠，地衣泛现出一层淡绿色，那些无法等待滚过沙漠上空的雷声和流过干旱河床的洪流使无数生命因此获得又一次生存的机会。靠着雾，纳米布沙漠最不寻常的植物——稀奇古怪的百岁兰可以在沙漠严酷的环境中生活2000年。因此没有雾这股恒久的自然力，沙漠中众多的生命是无法生存的。

光秃秃的沙漠地表接受着强烈的太阳辐射，在夏天气温可高达26℃～37℃。沙中的居民——甲虫、蜘蛛和蜥蜴等为了躲避正午的酷热、下午的余热以及凌晨的寒冷，而把自己每天的活动安排在早晨、黄昏以及深夜寒冷到来之前。

当太阳的光线洒在沙漠上时，沙面的温度逐渐升高，寒冷被驱走了，绝大部分的小动物们开始活跃起来。一只大型的掘沙蜥蜴小心地从沙中探出头来看看天上是否有苍鹰之类的猎食者，在感到没有危险时，才开始贪婪地呼吸着沙面上散发的热气。待身体暖和以后，它们爬出洞穴，让全身都沐浴在阳光之下，四处去寻找食物，只要一有不祥之

你知道吗

蜥 蜴

蜥蜴俗称"四足蛇"，有人叫它"蛇舅母"，是一种常见的爬行动物。蜥蜴与蛇有密切的亲缘关系，二者有许多相似的地方，全身覆盖以表皮衍生的角质鳞片，泄殖肛孔都是一横裂，雄性都有一对交接器，都是卵生（或有部分卵胎生种类），方骨可以活动等。

兆，这只蜥蜴便立刻躲进它的避难地——温暖而松软的沙中。

沙丘的背风面通常是许多不能忍受强风吹袭的小动物聚居之地，除蜥蜴外，甲虫和其他昆虫也在这太阳烤灼的沙上爬进爬出调节体温和寻找食物。小动物们的食物为天赐之物，风挟裹着沙漠中的动植物残剩物——一粒种子，一条死苍蝇腿乃至一片叶子，越过沙丘顶部。这些残剩物变成了更小的碎屑物，然后聚集在沙丘背风面的底部，因此背风面也成为小动物们的"食堂"，在此可以美餐一顿。

早晨的温热过后，接踵而来的便是中午的酷热，已经活动了一个上午的小动物们此时已吃饱肚子，心满意足地在沙面上打个洞，钻进地下睡午觉去了。热浪滚滚而来，沙漠舞台上呈现出死一般的寂静。直到夕阳西下，黄昏降临，小动物们才跳跃着重返地面。在这火星般暗红色的世界里，甲虫四处

游弋，沙面反射的月光映照在翩翩起舞的白蜘蛛身上，呈现着怪诞的色彩，壁虎迈着桨状的宽足追捕昆虫，贪吃的金鼹鼠沿着沙坡滑行着……

当一段炎热干燥的天气来临时，土地伸开了裂缝，雾消失了。在热浪消退，海雾重返的第一个夜晚，沙漠又成为一个生机勃勃的繁忙之地。黑色的甲虫从背风面上爬到沙丘顶部，迎着浓雾，将头向下顶在沙上，身躯几乎是倒立着。当潮湿的雾气碰到甲虫的背甲时，就凝成水滴，并向下流入了甲虫的嘴里。沙丘蚁往往是白天活动而夜晚待在洞中的，可此刻它们也按捺不住地爬出洞中。当海雾开始形成时，沙丘蚁站在沙上一动也不动，让雾珠慢慢地在它们身上聚集起来，然后相互饮用着对方身体上的水珠。这些都是在沙漠中生存的独特方式。

除了在西非撒哈拉边缘的大象外，世界上没有任何其他象生活在纳米布沙漠这样严酷的环境中。它们在对沙漠生存环境方面有着特殊的适应方式，如这些沙漠大象在干旱季节时每隔 3~4 天才需喝水一次。

在一个大沙丘的斜坡上考察队员发现了数条深沟，这是大象滑下沙丘到下面水塘去喝水的证明。为了能看见大象的再次来临，动物学家等了足足 18 个月，才终于等来了这一天。在尘雾飞起的地平线上，两头巨大的雄象出现了，它们匆忙地穿过沙丘，一头紧跟在另一头后面，两头大象走近斜坡边缘时，平时那种端庄威严的外表不见了，只见两只象跨进斜坡，后腿弯曲，前腿直立朝下滑行。到了沙丘底部它们冲向水塘，就像孩子们那样互相戏水，这真是令人难以置信的情景。

须巴曼人

大象在纳米布沙漠游荡了多久呢？从很多地方留下的数千年前的石刻和岩画中都有大象的形象。1793 年，西方探险家报道了纳米布的大象。现在纳米布北部只有少数沙漠大象偶尔走到内陆与那些生活在雨量相对较多地方的其他象群有所接触，而大部分大象都完全生活在沙漠的环境中。这些大象的生命力是极其顽强的。20 世纪 80 年代初，可怕的干旱曾降低了它们的出生率，从 1979 年到 1984 年只有 7 头小象出生，但只有两头存活，不过同时也只有很少的成年个体死于这种恶劣的环境。

尽管纳米布沙漠的生存条件非常严酷，但它也并非从来就是人迹罕至之地。在斯克尔顿公园外围的沙漠中，当地的赫雷多人、须巴曼人和达马拉人常常在野生动物饮水的干旱河床中放养牛羊，这是他们唯一的财产。当海边食物稀少时，狮子就沿着河床向上游走去，往往碰到正往下走的牲畜，有时是一头牛死掉，但有时却是狮子死去。当地法律规定在公园外如果狮子或其他动物危及人和他的牲畜时，人们可以杀死这些捕猎动物。

澳大利亚动物学家和摄影师德斯·巴特莱特第一次见到斯克尔顿公园的那头雄狮是在 1986 年 2 月 9 日，当时它在霍纳布河的南端活动。5 月 15 日的深夜这头狮子又光临了他们的露营地。这头狮子的前辈，也是先前该公园内唯一的一头公狮，在 1985 年 3 月沿海岸向南走到公园外面的娱乐区时被人们击毙。因此动物学家在 1986 年初第一次见到这只新来的雄狮时非常高兴。

公园内另有一头雌狮，她是在 1981 年 4 月在霍纳布河口出生的，喜欢在沙漠中漫游，或者在海滩边捕猎。当动物学家看到她的踪迹时，她已杀死了一头海豹，并拖了 3 千米至内陆美美地饱餐一顿。人们希望这头霍纳布河口出生的雌狮能与新来的雄狮配对。果然，1987 年 6 月它们配对了，此时这头雌狮已带上了无线电发射器。6 月 4 日，动物学家乘飞机巡视时得到了她的信号，发现它们聚在一头已被杀死的驼鸟身边。但此后动物学家就永远失去了它们的信号。7 月 17 日，一个牧人杀死了雄狮，杀伤了雌狮。这头雌狮拖延了 5 天之久，直到保护官员找到她，才结束了她痛苦的生命，检查时发现她已怀孕了，将在几周之内产下 4 头幼狮。

悲剧仍在继续，失去狮子的悲哀笼罩着野生动物保护者，人们希望这种悲剧能被一些建设性的东西所代替。狮子固然会威胁牲畜，但它也会吸引旅游者，尽管是在这遥远的纳米布沙漠。

卡拉哈里沙漠

卡拉哈里沙漠是非洲南部内陆的干燥区，也称"卡拉哈里盆地"，是非洲中南部的主要地形区。

卡拉哈里沙漠

卡拉哈里沙漠和撒哈拉沙漠，气候相似，同样也受副热带高气压系统的影响，地面终年干燥，年降水量125~250毫米。但卡拉哈里沙漠的气候植被与撒哈拉沙漠又不完全相同，因降水稍多而有一定植被覆盖。气候和植被自西南向东北变化。西部为沙漠，高达100米的沙丘上生长着肉质植物与灌木。北与东北部降雨较多，为热带干草原与热带稀树草原。卡拉哈里沙漠在短暂的雨季中，植物繁盛，地面覆盖着丰富的草场，还有一片浓密的矮树丛和高大的树林。但是一年中的大部分时间沙漠中均缺水，纵横沙漠的众多河流的河床都是干涸的，土地干燥是在这个地区进行探测的真正障碍。潮湿气团来自印度洋，东北部水量最大，西南部则有所下降。但是降水量变化极大。多数降雨发生在夏日雷电交加之时，各处每年都有极大变化。冬季特别干燥，湿度极低，有6~8个月完全无雨。

在卡拉哈里沙漠南部和中部，地面水只有在广为分布的小水坑里才有，几乎没地面水系。几乎所有的雨一降下来就消失在深沙里。在卡拉哈里沙漠的南部和中部某些处找到了大量的古代水系——有些就在地面上，有些则透过空中摄影才探得。即使在一年中雨量最多之时，这些水系今日都不再运转。

但是在卡拉哈里沙漠北部却有一个很不寻常的水系。夏日大雨滂沱落在远在喀拉哈里西北部的安哥拉中部高地上。大量的径流水流入若干向南流的小溪中，这些小溪汇合起来形成奥卡万戈河和宽多河。

奥卡万戈河在距离大海 2000 千米的地方，创造了一座欣欣向荣的天堂。在这座欣欣向荣的天堂里，奥卡万戈河也被称为波特提河。河的另一边有一座古代湖泊的遗迹，它原是非洲第一大湖，如今只能从遗留的痕迹推测当年的规模，现代人称之为马卡迪卡迪盐沼。卡拉哈里的所有动物，生来就要面对干燥与湿润、贫乏与富饶的无情循环。

奥卡万戈河

由于连续多年雨量稀少，波特提河已接近干涸；对于一群岌岌可危的动物，它却仍是维系生存的命脉。

到河边喝水的斑马

依靠地表水源维持生存的数千只动物仍必须来波特提河，在日渐干枯的水塘中喝水。有些动物想出聪明的办法：在干涸的河床上寻找清水。斑马挖掘泥沙，最后，清水涌了出来。数百只沙鸡乘机利用斑马和牛羚群挖出来的干净水塘。公沙鸡胸部的羽毛吸水性非常强，这种奇妙的应变之道使它能够汲水回去喂给雏鸟。

斑马群每天都要长途跋涉，到距离干涸的河床几英里的地方觅食。把波特提河附近的青草吃完后，斑马要走更远的路去找吃的。路途消耗了大部分的时间和精力，它们还没吃上几口就又要返回河边喝水了。斑马还面临激烈的竞争。白蚁吃掉了大量青草，有些地方的白蚁吃得比斑马群还要多，只留下光秃秃的荒地。白蚁不需要太多水分，地底湿气和植物水分就已足够了。对它们来说，水源和食物之间的距离很短；而旱季里，斑马没有捷径，只能顶着酷热和风沙，不停地往返。

乌云密布，远方传来一声惊雷，斑马群知道，欢快的时刻到了。蚁丘深处的白蚁，因天气变化骚动起来。它们是掌控环境的大师，在沙漠中心打造了一座凉爽的住所。每座蚁丘里栖息着数十万只白蚁，在卡拉哈里沙漠的许多地方，可能都算是最大的动物族群。

穿山甲的爪子强壮有力，全身披有盔甲，舌头足有身长的一半。在蚁丘深处的一个房间里，住着几百万只白蚁的母亲：蚁后是一个巨大的产卵机器，身体十分壮硕，几乎无法自行移动。它甚至过不了出口，工蚁必须先把门拓宽。穿山甲对蚁丘造成了重创，不过，蚁后毫发无损。只要把家园修整一新，白蚁数量很快就会恢复。

随着沙暴出现的，是一幅惊人的奇观。数万只红鹳接连划过沙漠天空，它们不眠不休，从海边的觅食地飞到这里。没有人知道它们在千里之外，如何得到了雨季即将开始的消息。雨水再度注满草原水塘，斑马终于能在同一个地方饮水、吃草了。草原恢复了活力，斑马悠闲地散步，红鹳也飞向了祖先的家园。

大雨过后，沙漠欣欣向荣。从最大的到最小的，各种生物让卡拉哈里沙漠处处生机盎然。

斑马离开后，草原显得一片荒凉。不过，仍有几种动物留了下来；对于即将到来的苦日子，它们各有各的应对办法。趁塘底还没有完全变硬，最后一批箱头蛙开始挖洞，不久它们就会用一层膜裹住自己，保持湿度，埋在岩石般坚硬的土壤中。说不定，它们要等多年以后才会再次现身。

旱季又一次降临卡拉哈里沙漠。尽管沙尘漫天飞舞，但卡拉哈里沙漠的希望永远不灭；雨水终究会滋润干渴的大地，再次向芸芸众生发出召唤！

➤ 塔尔沙漠

　　塔尔沙漠亦称印度大沙漠，是世界上最小的沙漠，也是南亚最大的沙漠。它位于印度西北部和巴基斯坦东南部。

　　塔尔沙漠的海拔在 100～200 米，面积近 30 万平方千米。主要为沙质荒漠，东南部多砾漠，沙丘一般高达 30～90 米，最高达 150 米，沙垄、盐滩地、龟裂地广布。沙漠中有季节性盐湖及干河道，地下水位埋藏较深。大部分地区无植物生长，少数耐干、耐热的植物可以生存。在能利用地下水的地区，产有小麦和棉花。

　　塔尔沙漠属亚热带荒漠气候。受周围高原山地，特别是西侧伊朗高原的影响，这里很少降雨。年均降水量小于 100 毫米，气候干热，夏季最热月气温达 48℃～51℃。5～6 月的强烈尘暴是沙漠中的重要灾害，居民多过着游牧生活。

塔尔沙漠

　　历史上，这块地方不是沙漠，那么这沙漠是怎么来的呢？于是有人认为，尘埃是形成塔尔沙漠的主要原因。科学家们发现，塔尔沙漠上空的空气浑浊不堪，尘埃密度超过美国芝加哥上空几倍，白天遮住了阳光，大气灰蒙蒙的，略呈暗红色，夜间也不见群星。尘埃一方面反射一部分阳光，另一方面又吸收一部分阳光，使其本身增温而散热。白天，因为尘埃弥漫使得地面不被加热，空气就不能上升。夜间，尘埃以散热冷却为主，空气下沉，同时也减弱了地面的散热。于是，此地既无降雨条件，又无成露的可能。尘埃在这里竟制伏了湿气，使地面只能形成沙漠。那么，这么多的尘埃又源于何处呢？有的学者指出，塔尔沙漠的尘埃最初是人类制造的，人类是破坏生态环境，制造沙漠的真正凶手。

塔尔沙漠地区自古就布满了人类的足迹。人们甚至还在沙漠中修建了公路。塔尔沙漠中的大部分公路平缓，笔直延伸，公路两旁稀疏的植被给人几分苍凉感，但是，你也经常因眼前突然出现的色块兴奋起来，尤其是当屹立高地的雄伟宫殿与山野湖泊相映，身着五颜六色纱丽的妇女穿梭其间的景致出现时。

印度西部塔尔沙漠地区自古以来散落着诸多小公国，特殊的历史创造并遗留了一批基本保持完好的城堡宫殿、王陵庙宇，像珠宝般镶嵌在广袤的大漠中，闪烁悠久。

布什格尔就是这样的一个小而温馨的城镇。布什格尔位于塔尔沙漠的边缘。镇上的大街上没有多少车马。在布什格尔小镇上有超过 400 座寺庙。比较重要的寺庙中多供奉着梵天，抚琴舞王，公猪瓦拉哈，萨碧特瑞和迦耶德丽。这里比较有名的是每年 10 月或者 11 月举行的骆驼集市。这里也不准人们饮酒和吃肉。

斋浦尔也是沙漠边缘的一个美丽的城市，其中尤其以梅兰加尔古堡最为壮观。梅兰加尔古堡当数印度最为壮观的城堡，原来为皇宫建筑。城堡修筑于 120 米高的红岩山头上，号称从未被攻克的城堡。在古城堡阴深的门洞石壁上，雕刻有一些大小不一的手印。据介绍，这些手印均为陪葬妇女留下，之前为城堡的王公贵族的妻妾也就是"封建礼教"的殉葬者，有的殉葬者还未成年。

岩塔沙漠

岩塔沙漠位于澳大利亚西部的珀斯以北约 250 千米处，在临近澳大利亚西南海岸线的楠邦国家公园内。这片沙漠荒凉不毛，人迹罕至。沙漠中林立着无数塔状孤立的岩石，故而得名。形态各异的岩塔，遍布于茫茫的黄沙之中，景色壮观，使人感觉神秘而怪异。有人形容这种景象为"荒野的墓标"，让人感到世界末日的来临。这里地形崎岖，地面布满了石灰岩，只有越野汽车可驶到那里。如果科幻小说家要写一部描写岩塔的惊险小说，此地可作为最理想的背景。

岩塔沙漠

暗灰色的岩塔高 1～5 米，矗立在平坦的沙面上。往沙漠腹地走去，岩塔的颜色由暗灰色逐渐变成金黄。有些岩塔大如房屋，有些则细如铅笔。岩塔数目成千上万，分布面积约 4 平方千米。

每个岩塔形状不同，有的表面比较平滑，有的像蜂窝，有的一簇岩塔酷似巨大的牛奶瓶散放在那里，等待送奶人前来收集；还有一簇名为"鬼影"，中间那根石柱状如死神，正在向四周的众鬼说教。其他岩塔的名字也都名如其形，但是不像"鬼影"那样令人毛骨悚然，例如叫"骆驼"、"大袋鼠"、"臼齿"、"门口"、"园墙"、"象足"等。虽然这些岩塔已有几万年的历史，但肯定是近代才从沙中露出来的。在 1956 年澳大利亚历史学家特纳发现它们之前，外界似乎对此一无所知，只是口头流传着。早期的荷兰移民曾经在这个地区见过一些他们认为是类似城市废墟的东西。

1837—1838 年，探险家格雷在其探险途中曾从这个地区附近经过。他每过一地，必详细记下日记。但在他的日记中没有关于岩塔的记载。

科学家估计这些岩塔的历史有 25000～30000 年，肯定在 20 世纪以前至少露出过沙面一次。因为有些石柱的底部发现黏附着贝壳和石器时代的制品。贝壳用放射性碳测定，大约有 5000 多年历史。这些尖岩可能在 6000 多年前已被人发现。但是这些岩塔后来又被沙掩埋了数千年，因为在当地土著的传说中没有提到过这些岩塔。1658 年，曾在这一带搁浅的荷兰航海家李曼也没有提及它们，只是在他的日记中提到两座大山——南、北哈莫克山，都离岩塔不远。如果当时这些石灰岩塔露出沙面，李曼必定会记在他的日记里。沙漠上风吹沙移，会不断把一些岩塔暴露出来，又不断把另一些掩盖起来。因此，几个世纪以后，这些岩塔有可能再次消失。但它们的形象已经在照片中保存下来了。

帽贝等海洋软体动物是构成岩塔的原始材料。几十万年前，这些软体动物在温暖的海洋中大量繁殖，死后，贝壳破碎成石灰沙。这些沙被风浪带到岸上，一层层堆成沙丘。

最后，在冬季多雨，夏季干燥的地中海式气候下，沙丘上长满了植物。植物的根系使沙丘变得稳固。冬季的酸性雨水渗入沙中，溶解掉一些沙粒。夏季沙子变干，溶解的物质结硬成水泥状，把沙粒黏在一起变成石灰石。腐殖质增加了下渗雨水的酸性，加强了胶黏作用，在沙层底部形成一层较硬的石灰岩。植物根系不断伸入这层较硬的岩层缝隙，使周围又形成更多的石灰岩。后来，流沙把植物掩埋，植物的根系腐烂，在石灰岩中留下了一条条隙缝。这些隙缝又被渗进的雨水溶蚀而拓宽，有些石灰岩风化掉，只留下较硬的部分。沙一吹走，就露出来成为岩塔。岩塔上有许多条沙痕，记录了沙丘移动时沙层的厚度及其坡度的变化。

▶ 卡拉库姆沙漠

卡拉库姆沙漠是中亚地区大沙漠，它位于里海东岸的土库曼斯坦境内，阿姆河以西。卡拉库姆沙漠面积接近35万平方千米。沙漠被分为3个部分：北部隆起的外温古兹卡拉库姆；低洼的中卡拉库姆；以及东南卡拉库姆，其上分布着一系列盐沼。在外温古兹卡拉库姆和中卡拉库姆交界之处，有一系列含盐的、孤立的、由风形成的温古兹凹地。

卡拉库姆沙漠

　　卡拉库姆地形鲜明，反映了其起源和地质发展。外温古兹卡拉库姆的表面受到暴风侵蚀。中卡拉库姆平原从阿姆河延伸到里海，呈与河流走向同一的斜面。由风聚集起来的有些过高的沙垄的高度在 75～90 米，依年龄和风速而异。略少于 10% 的地区由新月形沙丘组成，其中一些高 9 米或更高。沙丘间有许多凹地，为厚达 9 米的沉积黏土层所覆盖；在这些盆地中收集的水使得种植甜瓜和葡萄一类的水果成为可能。被称为盐沼的含盐区，也是由于下层土壤水分蒸发而形成的。

　　卡拉库姆沙漠的气候是大陆性的，夏季漫长而炎热，冬季天气多变，但相对温暖。降水主要出现在冬季和早春。几乎无雪。盛行的是和煦的东北风和西北风。

　　卡拉库姆沙漠中的植被十分多样，主要由草、灌木和树木组成。卡拉库姆沙漠的植被在冬季可用作骆驼、绵羊和山羊的饲草。动物为数不多，但其种类众多。昆虫包括蚁、蝉、甲虫、蜣螂和蜘蛛。还有各种蜥蜴、蛇和龟。

　　卡拉库姆沙漠人口稀少，平均每 6.5 平方千米 1 人，并且主要由土库曼人组成，其中一些部落的特征被保留下来。卡拉库姆沙漠的居民自古从事游牧，并在里海沿岸及

卡拉库尔羊

阿姆河捕鱼。但在现代，几乎所有的人都在农场定居，并发展了拥有瓦斯和电的永久城镇。畜牧队照管牲畜。石油、瓦斯和其他工业的发展，导致多种民族聚居的新住宅区的出现。

　　现代灌溉使得沙漠适于大规模畜牧，特别是卡拉库尔羊的畜牧。卡拉库姆运河从阿姆河流往里海低地，将水引到卡拉库姆沙漠东南部、中卡拉库姆沙漠南界及科佩特山麓地带；绿洲地区种植细纤维棉花、饲料作物和各种蔬

菜水果，一大片牧区有了饮水点。

第二次世界大战后的经济集中发展给卡拉库姆沙漠带来一场工业革命。工厂、石油和煤气管线、铁路、公路以及火力发电站，已经改变了这一地区的面貌。一些自然资源也已得到开发，其中包括硫、矿盐。

在卡拉库姆沙漠的西南边缘有一座年轻的城市——阿什哈巴德。阿什哈巴德是土库曼斯坦首都，全国政治、经济和文化中心，中亚地区重要的城市之一。因阿什哈巴德地处卡拉库姆沙漠之中，所以又被形象地称为"沙漠中的水城"。

阿什哈巴德最早是土库曼人的分支捷真人的城堡，意为"爱之城"。1881年，沙俄组建后里海军区，在此设行政中心。第一次世界大战前夕，该市成为沙俄与伊朗的贸易重镇。1925年，成为土库曼苏维埃社会主义加盟共和国首府。第二次世界大战结束后，前苏联政府在阿什哈巴德进行了大规模的战后建设，但1948年10月发生了里氏9至10级大地震，使整座城市几乎毁灭，

中立柱

近18万人罹难。1958年重建，此后经过50多年的建设和开拓，阿什哈巴德又重新发展起来。1991年12月27日，土库曼斯坦宣布独立，阿什哈巴德成为土库曼斯坦的首都。

土库曼斯坦宣布独立后，政府决意把首都建成世界上独一无二的白色大理石城、水城和绿色之都。阿什哈巴德是世界上发展最快的都市之一，所有新建筑都是由法国建筑大师设计、土耳其人承建的。建筑物表面被清一色伊朗产白色大理石覆盖，使整座城市显得洁白而明亮。

阿什哈巴德曾受沙漠影响而严重缺水，但自从1962年卡拉库姆大运河

通到这里后，市内缺水的现象得到了根本改变。市内主要街道的两侧铺设了一条宽半米左右的水渠，用以浇灌着路边的花草树木。因为缺少树木，土库曼人尤其重视植树造林。在阿什哈巴德城区及周边，到处可见大片新栽的小树苗，若干年后小树苗将长大成林。也许正因为缺水，土库曼人尤其愿意彰显水的魅力。阿什哈巴德主要建筑物前、广场上、公园里，甚至道路隔离带上都设置了造型各异的喷泉。阿什哈巴德因此又被誉为"喷泉之城"。

市内花园、草坪和喷水池随处可见，国家话剧院附近著名的中央文化与休息公园内草木繁茂、百花飘香。前苏联解体后市内新建的大型建筑随处可见，总统府富丽堂皇，中立门、地震纪念建筑群、国家博物馆和孤儿院等建筑别具一格。

在阿什哈巴德市中心总统府广场，耸立着象征土库曼斯坦中立国地位的中立柱。3个柱体支撑脚代表3个不可分割的基础：独立、中立和民族团结。每年10月27日的"独立日"和12月12日的"中立日"已成为土库曼斯坦最重要和最隆重的节日。同时，中立柱也成为阿什哈巴德主要的标志性建筑和观光景点之一。

◄● 鲁卜哈利沙漠

鲁卜哈利是阿拉伯语，意为"空旷的四分之一"，由于其面积占据阿拉伯半岛约1/4而得名，是世界上最大的沙漠之一，覆盖了整个沙特阿拉伯南部地区和大部分的阿曼、阿联酋和也门领土。

鲁卜哈利沙漠是世界上最大的流动沙漠之一，其沙丘的移动主要由季风引起，并且由于风向和主流风的差异，沙漠的沙丘被分成3个类型区，即东北部新月形沙丘区、东缘和南缘星状沙丘区、整个西半部线形沙丘区。对于鲁卜哈利沙漠的成因，国内外一直缺少系统的研究。通过对现有资料的分析，可以发现气候、地形、古地理等自然因素是影响鲁卜哈利沙漠形成的主要因素，人类的影响不明显。

鲁卜哈利沙漠

鲁卜哈利沙漠从北纬12°～34°整整跨越22个纬度；尽管沙漠的大部分在北回归线以北，它还是被视为热带沙漠。夏季酷热，有些地方气温高达54℃。内陆干热，尚可忍受。然而，沿海地区和一些高地受夏季高湿度制约，夜间或清晨有露水或雾。整个沙漠的年降雨量平均不足100毫米，但其多寡幅度却在0～500毫米。除了冬季断续降雨、春季阴霾或尘暴之外，内陆天空通常是晴朗的。倾盆大雨偶然淹没主要水系流域。冬季凉爽，令人心旷神怡，最冷的天气出现在高海拔地带和最北部。

鲁卜哈利沙漠上的风主要从地中海吹来，刮到东部、东南、南方和西南，画出一个巨大的弧。能够考验困在风中的人们的耐性的热尘风，是运载大量沙尘并改变沙丘形状的干燥的风。每一场沙暴都将数百万吨的沙子携入鲁卜哈利沙漠。被吹动的沙子离地不过数英尺，只有在被旋风、尘卷或区域沙暴卷起时例外。风在鲁卜哈利沙漠的西南部依次从四面八方刮来。强劲的东南风每次一连数日扫过大沙漠，将热尘风对沙丘形成的作用逆转过来。

沙漠植物种类繁多，主要是旱生的或盐生的。春雨之后，长期埋藏的种子在几个小时内发芽并开花。通常荒芜的沙砾平原变绿了。这些平原曾是驰名的阿拉伯马的故乡，然而牧草总是过于短缺，难以供养大量马匹。当然，所有的牧区均被过度放牧，因而导致如今广泛的荒芜地带的形成。生长在盐沼的盐生植物包括许多肉质植物和纤维植物，可供骆驼食用。在沙质地区生长的沙草是一种根深的强韧植物，有助于保持土壤。在绿洲边缘往往可以看到红柳，其有助于防止沙子侵入。

稀有灌木拉克，以"牙刷灌木"知名，其枝条被阿拉伯人依传统用于刷牙。整个沙漠到处生长，为贝都因人所熟知，他们将这些草用于食品调味和防腐、熏衣和洗发。东鲁卜哈利沙漠一般被认为干燥不毛，但在巨大沙丘的侧翼却养育着许多植物，包括一种叫做纳西的甜草，为如今稀有的大羚羊提供主要草料。许多绿洲种植海枣，海枣本身为人和家畜提供食物。可提供建筑物及制作井架和古式辕杆的木料；树叶作为手工艺品和缮盖房顶。绿洲还出产许

贝都因人

多水果和蔬菜，诸如水稻、苜蓿、散沫花、柑橘、甜瓜、洋葱、番茄、大麦、小麦及在海拔较高的地区有桃、葡萄和仙人果。

鲁卜哈利沙漠的动物也多样而独特。沙漠昆虫包括疟蚊、虱子、蜱、蟑螂、蚁、甲虫和能把自己伪装成树叶、树枝或卵石的螳螂（食肉昆虫）。还有清除粪便的蜣螂、无数的蝶、蛾和毛虫，而曾经破坏自然环境的有害的飞蝗现在得到控制。绿洲水塘中有小鱼。一种生活在平原上尾巴肥大的蜥蜴，长度可达 1 米。这是一种草食动物，颌上没有牙齿，其尾巴烤熟后是贝都因人的佳肴。长达 1 米的巨蜥，以飞蝗和其他昆虫为食。许多蜥蜴，包括石龙子、壁虎、鬣蜥，都可以在沙漠中找到。

除了上述的动物和植物之外，在鲁卜哈利沙漠中生活的还有古老的贝都因人。贝都因人是阿拉伯人的一个分支。几百年来，贝都因人凭借智慧和世代相传的生活技巧成为鲁卜哈利沙漠世界中的主人。

◀ 阿塔卡马沙漠

阿塔卡马沙漠是南美洲智利北部的沙漠。主要包括西边海岸山脉的山麓盆地和东边普雷科迪耶拉山脉底部的冲积扇。

阿塔卡马沙漠是地球上的旱极。据说这里的干旱一次竟延续了 400 年之

久。这些地区自 16 世纪末以来，于 1971 年首次下了雨。位于阿塔卡马沙漠北端的阿里卡从来不下雨。它已成为一个闻名的度假地，靠引安第斯山脉的管道水来供水。在这里，你看不到任何生命的迹象。"这是我们唯一没发现生命的地方，是名副其实的死亡之地。"研究阿塔卡马沙漠多年的美国地理学家克里斯·马凯

阿塔卡马沙漠

说。"无论在南极、北极或任何其他的沙漠，铲起一块土，总能发现细菌。但在这里，你什么都找不到。"

阿塔卡马沙漠为什么如此干燥呢？一部分原因在于来自南极的寒流产生了很多的雾和云，但并没有降雨；另外一部分原因是东面的安第斯山脉就像一道屏障，挡住了来自亚马孙河流域可能形成雨云的湿空气。但在这里却生活着 100 多万人。没有水，他们是如何生活的呢？

据考古学家考察，阿塔卡马地区有人类居住的历史至少有 1 万年。圣彼德罗就是一个有悠久历史的村落遗址。人们在此能看到古代印第安人居住的房子、防御工事、行政中心和古道。目前这里依然生活着许多印第安人。由于干旱少雨，他们至今保留着求神降水的风俗。祭祀仪式的中心活动是杀骆驼祭神。

印第安人将一只高大强壮的骆驼捆绑起来，用染上颜色的羊毛扎在骆驼的后背和耳朵上，然后再用刀剖开骆驼的身体，将跳动的心脏用古柯叶包起来投入火中。此时，人们会闪出一条通道，为骆驼的灵魂"顺利升天"腾出地方，骆驼鲜血则被人捧着洒向四方。

不过，随着社会的进步和发展，当地人已逐渐学会饮用安第斯山的雪水以及开采地下水源。有趣的是，在沙漠北端的阿里卡市，印第安人还根据多雾而无雨的气候特点发明了"用网捕水"的办法。说起来这还要归功于植物

的启发。当地人发现有两种植物在干旱的沙漠中长势良好，原因就是其枝叶能从雾气中摄取所需的水分。

受这一现象启发，他们设计了一种专门用来收集雾水的捕雾网，垂直悬挂在野外，以捕捉山峰上的浓雾。等雾气凝结在网的表面，积攒成水流后再通过水槽，输送给村里的住家。现在居民们高兴地说，遇上大雾天，他们一个村每天可用网收集到 1 万千克的"自来水"，不但饮用有余，还能经常淋浴洗澡。

阿塔卡马沙漠的早期居民还在地上作画，用深暗色的石子嵌在沙中作出动物、人物以及几何形状。最大的一幅画是伊基史附近的阿塔卡马巨人画，占用山坡达 120 米长，没有人知道作这些画的用意。从很远的地方便能看到这些画，从空中看更为清楚。

➤ 索诺兰沙漠

索诺兰沙漠是北美洲的一个沙漠，位于美国和墨西哥交界，包括美国亚利桑那州、加利福尼亚州和墨西哥索诺拉州大片地区。该沙漠亦因希拉河称作希拉沙漠。它是北美地区最大和最热的沙漠之一。2001 年 1 月 17 日，为了更好地保护资源，索诺兰沙漠中 2008 平方千米的区域被设立成索诺兰沙漠国家历史遗迹。

索诺兰沙漠的美丽是非常著名的，它不像其他沙漠那样除了黄沙漫漫，还是黄沙漫漫。地质研究表明，索诺兰沙漠作为沙漠实际上只有几千年的历史，从地质上说太年轻，还没有完全进化成人们所熟悉的黄沙漫漫。那里依然有山，只不过不像一座完整的山，好像是用碎石堆起来的。同时，得益于索诺兰沙漠特殊的地理位置，这里依然有水，沙漠竟然与大海相会。因此，索诺兰沙漠的美丽是浪漫的，是多姿多彩的，就连好莱坞的导演也看好这块风水宝地，把这里作为科幻影片《星门》的拍摄地。

索诺拉沙漠里有居民、有巨大的仙人掌类植物、有矮树丛和多种灌木。

索诺兰沙漠中的湖泊

可叹的是在炎热的夏季，这里的温度高达43℃。索诺拉沙漠的南部，冬天气温温和，多种植物和动物在这里休养生息。

索诺兰沙漠以美丽壮观的仙人掌而闻名于世。傲然独立蔚为壮观的树形仙人掌是索诺兰沙漠所独有的，被称为索诺兰沙漠中的君王，其千变万化的奇特"造型"引起人们无尽的遐想。树形仙人掌生长极为缓慢，寿命长达250年，最大的可长到12米高。它们的表皮光滑并覆盖着一层蜡状物质，表面长着足有5厘米长的刺。

每年五六月间，仙人掌开出乳白色的花朵，花蕊是黄色的。花只在凉爽的夜间开放，中午烈日炎炎时，花就闭合上了。树形仙人掌耐热耐干旱，生长在沙漠的山坡和平地上，也生长在山麓冲积平原和低洼地区。它们不需要很多的水就能存活下来。

下雨时，树形仙人掌可以膨胀的茎干能吸收充足的水分。为了能吸收更多的水分，它们的根也扎得很浅，生长在地表浅层的根系一次大约可储存160千克雨水，连续几个星期没有水对它们来说根本无所谓。

索诺兰沙漠里还有另一种著名的仙人掌——桶形仙人掌。这种仙人掌通常能长到1.5~3.5米高，其圆桶形的"身材"与人差不多，甚至比人还"魁梧"。桶形仙人掌是一种开花植物，开花时节其顶部会开出一圈黄绿色或红色的小花。对于住在沙漠中的美洲土著居民来说，桶形仙人掌是不可缺少的食物。他们将桶形仙人掌炖煮成像卷心菜似的食物，浆汁可以饮用，尖尖的刺可以做成鱼钩，果肉可以做成"仙人掌蜜饯"。桶形仙人掌大多生长在沙漠的洼地和斜坡上，沿着溪谷的岩壁上也会发现它们的身影。桶形仙人掌虽然是一种美丽的植物，但不可靠它们太近，因为它们的刺是会扎人的。

索诺兰沙漠中还有一种叫做蔓仙人掌。蔓仙人掌是沙漠里的耐旱灌木，其茎干可长到 2.7～10 米高，上面长满刺，刺长可达 3 厘米。蔓仙人掌在沙漠里的生存策略之一，就是在干旱的季节里叶子变黄凋落，一旦得到水分补充，至多 5 天就长出新叶来。蔓仙人掌的根扎得很浅，但伸展得很广，可以收集到更多的雨水。蜂雀会来给蔓仙人掌授粉，因为它们特别喜欢蔓仙人掌的花

索诺兰沙漠中的仙人掌

蜜。蔓仙人掌是沙漠植物适应环境的成功例子之一。

🔍 巴塔哥尼亚沙漠

巴塔哥尼亚沙漠位于南美洲南部的阿根廷，在安第斯山脉的东侧，面积约 67 万平方千米。巴塔哥尼亚一般是指南美洲安第斯山脉以东，科罗拉多河以南的地区，主要位于阿根廷境内，小部分则属于智利。该地区的地形主要是高原以及狭窄的海岸平原，各河流发源于安第斯山脉，向东流入大西洋，切割成河谷，但因当地雨量不多，河流大多属于间歇河，南部有许多冰河地形，如峡湾等。

巴塔哥尼亚地区几乎包括阿根廷南部的所有土地，由广阔的草原和沙漠组成，从南纬 37° 伸展到南纬 51°。其边界大约西抵巴塔哥尼亚安第斯山脉，北滨科罗拉多河，东临大西洋，南濒麦哲伦海峡；海峡南面的火地岛分别隶属于阿根廷和智利，通常也划入

巴塔哥尼亚沙漠

巴塔哥尼亚的范围内。

巴塔哥尼亚受福克兰寒流的影响，气候寒冷干燥，年降雨量在 90 ~ 450 毫米，年均温在 6℃ ~ 20℃，愈往南部更寒冷且雨量愈少，大多地区形成荒漠，被称做巴塔哥尼亚沙漠。

巴塔哥尼亚西接安第斯山脉，雪峰与火山映照，冰川同密林交错，辟有大量的国家公园和自然保护区。位于圣克鲁斯省西南部冰川国家公园内的佩里托·莫雷诺大冰川，高达 3600 米，绵延 200 千米，冰层不停地移动断裂，加上呼啸盘旋的山风，公园里充斥着雷鸣般的巨响。内乌肯省西北部拉宁国家公园里有 21 个大大小小的湖泊和一座海拔 3774 米的拉宁死火山。这里还保存着远古原始森林，树高干粗，枝繁叶茂，苍劲挺拔。巴塔哥尼亚地区，还分布着内乌肯省布兰卡沼泽自然保护区、圣克鲁斯省佩里托·莫雷诺国家公园、火地岛国家公园保留地、丘布特省瓦尔德斯半岛国家海洋公园等壮美的自然景观及保护区内的骆马、兀鹰、美洲豹、海狮、海象、企鹅等珍贵动物。巴塔哥尼亚东部则是以辽阔的台地为主的荒漠和半荒漠高原。自西向东作阶梯状倾斜，东部则以陡峭的悬崖直逼大西洋，受古代冰川及现代干旱气候的影响，地表多冰蚀谷、冰碛丘、冰缘湖积冰水沉积及多种风蚀、风积地貌。

该地区农业不发达，南部植物稀少。北部有河水灌溉处可生产水果、苜蓿、橄榄等。西北部高原有石油、铁、锰等矿产。来自阿根廷与北美洲的一队科学家在巴塔哥尼亚沙漠发现了可能是迄今为止地球上最大的食肉恐龙化石，还发现了六种未知物种的化石。

巴塔哥尼亚高原是阿根廷和南美洲的重要地区。1519 年，随麦哲伦环球旅行到达今天里瓦达维亚海军准将城附近的意大利学者安东尼奥·皮加费塔，看到当地土著居民——巴塔哥恩族人脚穿肥大笨重的兽皮鞋子，在海滩上留下巨大的脚印，便把这里命名为巴塔哥尼亚。巴塔哥尼亚高原，自然环境独具特色，矿产资源非常丰富，具有一定的经济基础和巨大的发展潜力。

巴塔哥尼亚沙漠北起南纬 36°的科罗拉多河，南到火地岛，西接安第斯山，东临大西洋，占全国领土的 28%，包括内乌肯、里奥内格罗、丘布特、圣克鲁斯 4 省和火地岛区，是个自然地理环境比较独特的地方。

　　巴塔哥尼亚沙漠气候条件恶劣，素有"风土高原"之称。受大陆面积狭窄、安第斯山脉背风位置及沿海福克兰寒流等的综合影响，荒漠直抵东海岸，但大陆性特征不很强烈，冬夏没有极端的低温和高温，7月均温0℃～4℃，1月均温为12℃～20℃。降水稀少，全区年均降水量不超过300毫米，并呈自西向东递减趋势。风力强盛，常吹时速超过110千米的狂风，沙尘暴不断。

　　特殊的构造基础和复杂的地质条件造就了巴塔哥尼亚地区良好的资源环境和丰富的矿藏条件。巴塔哥尼亚是阿根廷最具美好开发前景的地区。巴塔哥尼亚地区石油储量大、分布广。近年来，又在沿海大陆架找到更多更丰富的石油、天然气资源，以里瓦达维亚为中心的巴塔哥尼亚地区已成为阿根廷最大的石油基地，产量占全国石油总产量

绵延起伏的沙地

的60%以上。巴塔哥尼亚地区南端的里奥图尔比奥是阿根廷最大的煤矿区，阿根廷全国工业用煤几乎全由这个煤矿供应。此外，巴塔哥尼亚地区的火地岛、圣胡安及高原山脉区还蕴藏着丰富的泥煤。

知识小链接

泥　煤

　　泥煤又称草炭，泥炭，它是古代沼泽环境特有的产物，在多水中缺少空气的条件下，死亡后的松软的有机堆积层，东北泥炭属高寒地区，这种泥炭的氮和灰分元素含量较低；略显酸性或强酸性，pH值为5.0～5.9；持水量很高，通气性良好，通气空隙在27%～29%。泥炭是一种宝贵的自然资源。它含有持水、透气和富含有机质等。近年来，在我国及世界园艺上和生产绿色有机复合肥中广泛应用。

古生物学家宣布在阿根廷巴塔哥尼亚地区北部挖掘出一具食草恐龙的巨型骨架化石，身长达32米，是迄今为止发现的体积最大的恐龙之一。在此之前，在该省还发现了另外两种以庞大著称的恐龙化石。巴塔哥尼亚地区之所以成为最热门的考古圣地，是因为在那里能发现白垩纪的恐龙化石。要知道，生活在白垩纪的恐龙，其大小和形状超出了以前所有的类型，体积也是恐龙中最大的。由于海平面的上升和大自然的侵蚀，沉积物从那时起就直接暴露于巴塔哥尼亚沙漠和荒地的表面，这也导致化石易于被人发现和挖掘。

拓展阅读

白垩纪

"白垩纪"一词由法国地质学家达洛瓦于1822年创用，位于侏罗纪和古近纪之间，约1亿4550万年（误差值为400万年）前至6550万年前（误差值为30万年）。白垩纪是中生代的最后一个纪，长达7000万年，是显生宙的较长一个阶段。发生在白垩纪末的灭绝事件，是中生代与新生代的分界。

在巴塔哥尼亚地区发现的三大"巨龙"化石都属于无法龙，这是一种长颈蜥脚类动物，是生长在南美洲地区的大型恐龙。由于在白垩纪的大部分时期，南美洲地区还是一个独立的大陆，大多数生长在那里的动植物比生长在其他聚合陆地的动植物的演变和进化更为明显。与世隔绝的环境促使蜥脚类恐龙成长得更加强壮和健硕，但科学家迄今为止还没有对为何会造成这种情况的原因达成共识。古生物学家们已经发现了最大的蜥脚类恐龙的足迹，如在北美、澳大利亚和马达加斯加岛发现了无法龙的化石，随着挖掘工作的进展，也许会发现更为大型的恐龙化石。但毋庸置疑的是，到2008年为止，还没有任何地方"盛产"的恐龙化石比得上在阿根廷巴塔哥尼亚地区发现的那么庞大。

➡️ 叙利亚沙漠

　　叙利亚沙漠是西亚的沙漠，分布于沙特阿拉伯北部、伊拉克西部、叙利亚南部与约旦东部，面积约32.4万平方千米，年降水量不到125毫米，大部分覆有熔岩，不宜放牧，亦难通行。只在其南部哈马德地区有少量的牧民。古代为西亚交通上的重大障碍，近代有油管与公路穿过。

　　它是亚洲西南部的干旱荒漠。由阿拉伯半岛向北延伸，遍及沙乌地阿拉伯北部、约旦东部、叙利亚南部及伊拉克西部大片土地，大部被熔岩流覆盖。在近代之前一直是黎凡特和美索不达米亚两个人口居住区之间难以穿越的障碍。现有数条公路和输油管贯穿。

叙利亚沙漠

　　很多人都知道，埃及史上曾出现过一位与凯撒和安东尼纠缠不清的埃及艳后——克丽奥佩特拉，却很少有人知道。在克丽奥佩特拉三百年后，叙利亚出现了一位叱咤风云的艳后——丝诺比亚。

　　传说中的埃及艳后克丽奥佩特拉的后代丝诺比亚，是巴尔米拉国王乌代拿的第二任妻子，在乌代拿被离奇地暗杀以后，她成为了巴尔米拉的女皇。丝诺比亚创造了巴尔米拉最辉煌的时代，国家版图一度扩张至整个叙利亚、阿拉伯半岛、小亚细亚和埃及。然而，她也因为和罗马帝国宣战，而把巴尔米拉推向灭亡。十八世纪的历史学家爱德华·吉本斯在《罗马帝国的兴衰》里，就这样地形容这位艳后：

　　"她和她的祖先克丽奥佩特拉一样美艳动人，可是她却远远地比她的祖先更加的坚贞勇猛。丝诺比亚被认为是女性中最迷人、最英勇的代表。她的肤

丝诺比亚

色黝黑、牙齿似珍珠般的洁白、大大的黑眼眸闪耀着罕见、诱人而甜美的光芒。她的声音铿锵、和谐而悦耳……"

是的，她是一位倾国倾城的女子，罗马人认为她是弑夫夺权的艳后，然而她不像她的祖先克丽奥佩特拉一样，需要依赖凯撒与安东尼军队的保护。相反的，她是一位领军作战的巾帼英雄。

一只 10 万年前的巨型骆驼残骸的发现地，位于叙利亚的中部。"我们之前并不知道，中东在 10 万年以前就出现了单峰骆驼。"巴塞尔大学的唐索雷教授说。

据唐索雷教授透露，这只骆驼高达 4 米，而在此之前，人们从未发现过这种巨型骆驼。"你能想象得出来吗？这只巨型骆驼差不多有 4 米高，光肩膀到地就有 3 米高。在此发现之前，还没有人知道有此物种的存在。"

"我们在 2003 年发现第一块大骨头，当时我们只知道，拥有这个骨头的动物块头绝对不小，但我们一直不能确认它属于一只巨型骆驼。直到最近，我们又发现了这只动物的其他一些骨头后我们才确定，这个动物的确是只前所未见的巨型骆驼。而除此之外，我们还在那发现了一些燧石

叙利亚沙漠里的遗迹

和石器。"唐索雷教授等人的推断是：这只巨型骆驼应该是在喝水的时候，被一群人类所杀。

据唐索雷教授透露，他们还在这个沙漠草原的绿洲附近发现了一个 10 万年前的人类遗骸，这个遗骸已经被运送到瑞士进行分析。

"这个人的骨头属于智人，但奇怪的是，他（她）的牙齿却很陈旧，很像穴居人的牙齿，因此为了有助于确定他（她）的身份，我们的研究员们正在努力寻找这个人的更多骨头。"

在发现巨型骆驼的考姆的沙漠地带，150 万年前就有人居住。自从 1999 年起，唐索雷教授就一直在发现巨型骆驼的考姆的沙漠地带进行挖掘工作。考姆是一个在两山之间的裂口，有 20 千米宽，其间有许许多多的泉。

唐索雷教授说，据考证，人们自 150 万年前，就开始在现今的叙利亚共和国居住；而在第一批人类移住亚洲和欧洲的时期，该地区起到了至关重要的作用。

巴塞尔大学同时透露，最近的研究报告表明，人们自 20 世纪 60 年代开始，就开始对考姆进行调查，并且他们在该地区找到了 100 万年前人类在此居住的证据，因此考姆坝已被公认为是"西亚史前史研究的参照物"。

唐索雷教授特别指出，他们还在此发现了一个时间跨度有几十万年的考古层——这在开阔地是十分罕见的。"这里以前基本上是大草原，因此那时的骆驼吃的大概也是现在的骆驼所吃的东西。"他说。

◆ 利比亚沙漠

利比亚位于非洲北部，面积约 177.55 万平方千米，全境 95% 以上地区为沙漠和半沙漠。利比亚沙漠包括埃及中、西部和利比亚东部，面积约 169 万平方千米，为自南向北倾斜的高原，南部海拔 350～500 米，中、北部海拔 100～250 米，西南部地势最高，海拔达 1800 米，主要由结晶岩组成，局部地区有第三纪岩层。大部被沙砾覆盖，西部以石漠为主，东部以流沙为主。由于风力作用，流沙每年平均向西南移动 15 米，多低洼盆地。气候干燥，夏季气温可高达 50℃ 以上；降水量稀少，地表水贫乏。地下水分布广，埋藏深，出露处形成许多绿洲，有名的有贾卢绿洲、达赫莱绿洲、费拉菲拉绿洲、锡瓦绿洲、库夫拉绿洲等。动、植物贫乏，石油资源丰富。

利比亚沙漠位于撒哈拉沙漠的东北部，包括埃及中、西部和利比亚东部。利比亚沙漠为自南向北倾斜的高原，南部海拔 350～500 米，中、北部海拔 100～250 米，西南部地势最高，海拔达 1800 米。

撒哈拉沙漠东北部分从利比亚东部起，穿过埃及西南部延伸至苏丹西北端。沙漠中有多岩石高原和岩石或沙质平原，气候干燥，不适宜居住。埃及的盖塔拉洼地在海平面以下 133 米。居民不多，集中在埃及锡瓦、拜哈里耶、费拉菲拉、达赫拉、哈里杰等绿洲和利比亚库夫拉绿洲。利比亚沙漠埃及部分称西部沙漠，远泛指埃及以西地区，第二次世界大战中发生过激战。

利比亚沙漠的形成原因：北非位于北回归线两侧，常年受副热带高气压带控制，盛行干热的下沉气流，且非洲大陆南窄北宽，受副热带高压带控制

你知道吗

结晶岩

结晶岩为酸性浅色岩石，是典型的结晶结构，几乎不含有深色的矿物，主要成分为长石和石英，所以又名长英岩，外貌多为沙糖状，可能是由残余的熔岩岩浆结晶而成的。按照其矿物成分可分为：闪长结晶岩，浅灰绿色，主要由中长石和角闪石组成；辉长结晶岩，浅灰色，主要由拉长石和辉石组成；钠长结晶岩，灰白色、灰红色，几乎全由钠长石组成；斜长结晶岩，灰白色，主要由酸性斜长石和石英组成；花岗结晶岩，灰白色、浅肉红色，主要由酸性斜长石、石英和钠长石组成。

的范围大，干热面积广；北非与亚洲大陆紧邻，东北信风从东部陆地吹来，不易形成降水，使北非更加干燥；北非海岸线平直，东侧有埃塞俄比亚高原，对湿润气流起阻挡作用，使广大内陆地区受不到海洋的影响；北非西岸有加那利寒流经过，对西部沿海地区起到降温减湿作用，使沙漠逼近西海岸；北非地形单一，地势平坦，起伏不大，气候单一，形成大面积的沙漠地区。

利比亚沙漠东部与埃及交界，东南与苏丹为邻，南部同乍得和尼日尔毗连，西部与阿尔及利亚和突尼斯接壤，北部临地中海，海岸线长约1900余千米，全境95%以上地区为沙漠和半沙漠，大部分地区是平均海拔500米的低高原，受宽阔低地分割，北部沿海有狭窄平原。境内无常年性河流和湖泊，井泉分布较广，为主要水源。北部沿海属亚热带地中海型气候，冬暖多雨，夏热干燥，1月平均气温12℃，8月平均气温26℃；夏季常受来自南部撒哈拉沙漠干热风（当地称"吉卜利"风）的侵害，气温可高达50℃以上；年平均降水量为100～600毫米。内陆广大地区属热带沙漠气候，干热少雨，季节和昼夜温差均较大，1月15℃左右，7月32℃以上；年平均降水量100毫米以下；中部的塞卜哈是世界上最干燥地区。的黎波里1月气温8℃～16℃，8月气温22℃～30℃。

利比亚沙漠干旱地貌类型多种多样，由石漠（岩漠）、砾漠和沙漠组成。石漠多分布在撒哈拉沙漠中部和东部地势较高的地区，尼罗河以东的努比亚沙漠主要也是石漠。砾漠多见于石漠与沙漠之间，主要分布在利比亚沙漠的石质地区、阿特拉斯山、库西山等山前冲积扇地带。沙漠的面积最为广阔，除少数较高的山

利比亚沙漠

地、高原外，到处都有大面积分布。著名的有利比亚沙漠、赖卜亚奈沙漠、奥巴里沙漠、阿尔及利亚的东部大沙漠和西部大沙漠、舍什沙漠、朱夫沙漠、阿瓦纳沙漠、比尔马沙漠等。面积较大的称为"沙海"，沙海由复杂而有规则的大小沙丘排列而成，形态复杂多样，有高大的固定沙丘，有较低的流动沙丘，还有大面积的固定、半固定沙丘。固定沙丘主要分布在偏南靠近草原地带和大西洋沿岸地带。从利比亚往西直到阿尔及利亚的西部是流沙区。流动沙丘顺风向不断移动。在沙漠曾观测到流动沙丘一年移动9米的

纪录。

知识小链接

冲积扇

　　冲积扇是河流出山口处的扇形堆积体。当河流流出谷口时，摆脱了侧向约束，其携带物质便铺散沉积下来。冲积扇平面上呈扇形，扇顶伸向谷口；立体上大致呈半埋藏的锥形。多种气候条件下都可形成，在加拿大的北极地区、瑞典的拉普兰区、日本、阿尔卑斯山、喜马拉雅山，以及其他温暖至湿润的地区均可见到。

　　利比亚沙漠气候炎热干燥。然而，令人迷惑不懈的是：在这极端干旱缺水、土地龟裂、植物稀少的矿地，竟然曾经有过繁荣昌盛的远古文明。沙漠上许多绮丽多姿的大型壁画，就是这一远古文明的结晶。

　　利比亚是北非重要的石油生产国，石油是它的经济命脉和主要支柱。经济原以农牧业为主。1961 年以来，利比亚迅速成为世界重要的石油生产与输出国之一。石油生产占国民生产总值的 50% ~ 70%，石油出口占出口总值的 95% 以上，还出口铁矿石、花生、皮革等，进口以机器设备、车辆、粮食为大宗。除石油外，天然气储量也较多，其他资源有铁、钾、锰、磷酸盐、铜等。1985 年，石油探明储量 29.18 亿吨，产油 5000 余万吨，已探明天然气储量 6053 亿立方米。该地区主要的工业部门是石油开采、炼油，还有食品加工、石化、化工、建材、发电、采矿、纺织业等。铁、锰、铜、锡、铝土、磷灰石、钾盐等矿藏尚少开发。可耕地面积约占全国总面积的 2%。粮食不能自给，大量靠进口。主要农作物有小麦、大麦、玉米、花生、柑橘、橄榄、烟草、椰枣、蔬菜等。畜牧业在农业中占重要地位。牧民和半牧民占农业人口一半以上。货币名称是第纳尔。境内运输以公路与管道为主。有 1800 千米长的现代化沿海公路，5000 余千米的能源运输管线和 5 个油港。

　　如果交通便利，沙漠也就不算是真正的沙漠了，而成了一片浩瀚的原野，一种引不起任何兴趣的巨型沙盘了。人们所以到沙漠里去，就是因为人类还没有完全征服它，因而它魅力尤存。和海洋与高山一样，一离开尼罗河，沙漠就受一定的超出我们能力的规律支配，而人们又只能屈从于这些规律。

因此，一次艰难的旅行开始了。更困难的是没有任何一个向导敢说凭着几页书就可以交给您打开沙漠的钥匙。为了与这片一望无际的地区打交道，谨慎和谦虚是必不可少的品质。在沙漠里，可能要挨冻、受热、缺食、少水，由于寂静而两耳轰鸣，但在那里可以摆脱不计其数的困扰人的寄生虫的侵袭。您的精神会集中在周围僵化了的宇宙引发的一些基本感觉和主要念头上。

居住在沙漠里的人自有诱人之处。他们比尼罗河畔的埃及人更保守，更粗犷。贝都因人与大自然和睦相处，尽力保留着自己的传统。他们讲阿拉伯－柏柏尔方言，有时和开罗的语言有很大的差别。但今天，所有的人都已会讲官方语言阿拉伯语。但在这一过程中，贝都因人的文化属性正面临消失的危险。

这里的风光和明信片上让人联想起的风光毫无共同之处。在明信片上，沙漠往往被表现成一大片广阔的单一形式的大地。实际上，沙漠远非那么单一，以至向导能指出沙漠中最富有戏剧性的外表：金色的沙丘的移动，大风过后地形的幻化，还有泉水。在那一点点神奇的水源周围环绕着微弱的生命的标记。

若稍有些运气，你们的向导还可能撵出几只惊慌的羚羊。它们见了人会撒腿就跑。骆驼没有那么多的野性。它们到处游荡，即使人靠近了也不为所动。

绿洲是沙海中的岛屿。在穿越沙漠

沙漠中的贝都因人

时，可以在那里歇脚或住上较长一段时间。利比亚沙漠中的主要绿洲有锡瓦绿洲、拜哈里耶绿洲、法拉弗拉绿洲、达赫莱绿洲。它们之间有一条在埃及地图上呈 z 形的小道相连。最美的绿洲是北部的三个绿洲，即锡瓦、拜哈里耶和法拉弗拉绿洲。

澳大利亚沙漠

澳大利亚有四大沙漠，都分布在西部高原的中心地带，它们分别是大沙沙漠、维多利亚沙漠、吉布森沙漠，还有偏东一点的辛普森沙漠。这四大沙漠共同构成了澳大利亚沙漠。

澳大利亚沙漠位于澳大利亚的西南部，面积约 155 万平方千米。这里雨水稀少，干旱异常。夏季的最高温度可达 50℃。因为没有高大树木的阻挡，狂风终日从这片沙漠上空咆哮而过。风是这里唯一的声音。任何人都会以为这是一片死亡之域，但在 1973 年，澳大利亚一个叫夫兰纳里的植物学家在骑摩托车旅行时发现，这片沙漠中竟有 3600 多种植物繁荣共生。如果按单位面积计算，物种多样性要远远超过南美洲的热带雨林，因此发现者称这里为"沙漠花园"。生长在这里的植物对水和养料的需求少得可怜，几乎是别处植物的十分之一。同时，这里所有植物的叶子都不是绿色的，而是带着各种鲜艳的色彩。更奇特的是，这些花朵都能分泌出超乎想象的大量花蜜。

澳大利亚是世界上唯一占有一个大陆的国家，虽四面环海，但气候非常干燥，荒漠、半荒漠面积达 340 万平方千米，约占总面积的 44%，成为各大洲中干旱面积比例最大的一洲。其主要原因是南回归线横贯大陆中部，大部分地区终年受到副热带高气压控制，因气流下沉不易降水；澳大利亚大陆轮廓比较完整，无大的海湾深入内陆，而且大陆又是东西宽、南北窄，扩大了回归高压带控制的面积；地形上高大的山地大分水岭紧邻东部太平洋沿岸，缩小了东南信风和东澳大利亚暖流的影响范围，使多雨区局限于东部太平洋沿岸，而广大内陆和西部地区降水稀少；广大的中部和西部地区，地势平坦，不起抬升作用；西部印度洋沿岸盛吹离岸风，沿岸又有西澳大利亚寒流经过，有降温减湿作用，所以使澳大利亚沙漠面积特别广大，而且直达西海岸。

艾尔斯岩是目前世界上最大的整块不可分割的单体巨石。由于被土著赋予了图腾的含义，被当地人誉为象征澳大利亚的心脏。据说距今已有 5 亿年的历史，长 3.62 千米，宽 2 千米，高 348 米，岩面上镌刻着无数平行的直线纹路，形状像两端略圆的长面包。岩石色泽赭红，光滑的表面在太阳下闪着光芒，在空寂无物的广袤沙漠上突兀挺拔，直刺苍穹，既雄伟壮观又神秘莫测。

澳大利亚的黄金海岸

巨石最神奇之处是会变色。凌晨 5 时，晨光穿过远处的天际，安静的沙漠是那么神秘。阳光慢慢从东方抛来明亮的光线，沙漠仿佛苏醒过来了。巨石的赭红渐渐地变成殷红、嫣红，直至金黄，令人目眩神迷。黄昏之时，骑着骆驼眺望落日余晖中的巨石成为许多游客首选的项目。而当沙漠下起大雨，据说巨石会变成黑色，向人们诉说着它的神秘和威严。

艾尔斯岩

艾尔斯巨石的底面呈椭圆形，形状有些像两端略圆的长面包。岩石的成分为砾石，含铁量高，其表面因被氧化而发红，整体呈红色，因此又被称做红石。突兀在广袤的沙漠上，艾尔斯巨石如巨兽卧地，又如饱经风霜的老人，在此雄伟地耸立了几亿年。由于地壳运动，巨石所在的阿玛迪斯盆地向上推挤形成大片岩石，而大约到了三年前，又一次神奇的地壳运动将这座巨大的石山推出了海面。经过亿万年来的风雨沧桑，大片砂岩已被风化为沙砾，只有这块巨石凭着它特有的硬度抵抗住了风剥雨蚀，且整体没有裂缝和断隙，成为地貌学上所说的"蚀余石"。但长期的风化侵蚀，使其顶部圆滑光亮，并在四周陡崖上形成了一些自上而下的宽窄不一的沟槽和浅坑，因此每当暴雨倾盆，在巨石的各个侧面上飞瀑倾泻，蔚为壮观。

澳大利亚西澳大利亚州曾经宣布，澳大利亚决定斥资开凿一条蜿蜒 3700 千米的世界最长人工运河，把北部金伯利高原上的河水引入该州首府珀斯，以消除那里 130 万人缺水喝的困境。除了长度世界第一外，该运河最惹人关注的还在于它是一条横贯沙漠的人工大运河。

金伯利高原地区的水资源极为丰富，不但能满足珀斯的用水需要，甚至能解决澳大利亚全国的水资源短缺问题。相比之下，南部的珀斯用水形势则不容乐观。在过去的几年里，珀斯的城市水资源拥有量下降了 2/3。根据气象部门预测，澳大利亚西南部地区在未来几年内降雨量还将逐年减少。这意味着珀斯的水资源将更加紧缺。迫于水资源日益短缺的严峻形势，西澳大利亚州不得不想出北水南调的主意。

其实，关于凿河调水的问题在澳大利亚并非第一次提出。早在 1898 年，英国殖民当局就提出挖掘运河，向西部沙漠里的金矿输水，以促进金矿的发展。但由于成本太高和环境等原因，一项项调水计划最终都被束之高阁。在环境问题令人忧虑的今天，重新提出异地调水自然遭到环保主义者的抨击。有环保组织指出，金伯利高原地区的生态环境十分脆弱。从高原河流往珀斯调水是以破坏生态环境为代价的，这是不可接受的。澳大利亚联邦科学与工业研究组织也认为，开凿运河对金伯利高原地区的生态环境有极大的威胁。高原地区的河水流入大海是自然现象，是那里环境的需要，但如果把水输送到珀斯，今后金伯利高原的环境就不会像人们所看到的那样了。

澳大利亚水资源游说组织主席布里奇却不这么看。他认为，北水南调丝毫不会破坏金伯利高原地区的生态环境，关键是如何以最佳的办法把水调到珀斯。布里奇还为西澳大利亚州凿河引水支了几招：一是开挖运河；二是铺设输水管道；三是双管齐下，运河和管道相结合。

然而，金伯利高原调水计划谈何容易。凿河也好，铺管也罢，距离长达 3000 多千米不说，而且还要穿越环境恶劣的大沙沙漠和吉布森沙漠。这些地带常年干旱，蒸发量大，渗漏严重。如果真能让水流出高原，进入珀斯，真可谓人类的又一创举。

拓展阅读

金伯利高原

澳大利亚地形区，位于西澳大利亚州东北部，境内有利奥波德王、卡博伊德等山脉。西部和北部濒帝汶海，南部和东部分别为菲茨罗伊河、奥德河环绕，总面积约 31 万平方千米。大部分地区夏雨冬旱，奥德河地区有灌溉之利，为农业试验区。北部卡伦布鲁附近有丰富铝土矿藏，主要居民点温德姆、卡伦布鲁、德比等均在沿海。内地为澳大利亚原居民居留地，有大量珍贵的洞穴绘画。为袋鼠、野牛、野狗和多种鸟类的天然狩猎区，辟有国家公园。

▶️ 大沙沙漠

大沙沙漠在澳大利亚西部沙漠北带，大部分在西澳大利亚州，位于金伯利高原以南、皮尔巴拉地区以东，伸延至北部地方边界以东，面积约 41 万平方千米，大部分为沙丘，仅中部有石漠。

大沙沙漠是西澳大利亚州北部荒漠，西起印度洋岸的八十哩滩，东至北部地方，北起庆伯利丘陵，南达南回归线和吉布森沙漠，范围大致与甘宁盆地相同。广袤荒漠上有大片的盐沼和沙丘，有 1600 千米长的牲口道从西南向东北穿经沙漠。

大沙沙漠

这里到处有沙垄和沙丘，沙垄方向与盛行风向一致，连绵的沙垄可长达数十千米，高20～30米。沙漠周围分布有山脉和高原。东部有两条东西走向的山脉，北为麦克唐奈山脉，南为马斯格雷夫山脉，都是东西走向。麦克唐奈山脉南北宽30～40千米，东西长约650千米。

这里为大陆最热最干燥的地区之一，降水极少且不稳定。河流水量极小，多消失于沙漠中，为不毛之地。

澳大利亚大陆地处热带和亚热带，降水从北、东、南三面沿海向内陆作半环状递减，植物带也相应呈半环状分布，由沿海的森林带向内陆，逐渐过渡为草原带、沙漠带。西部干燥的原因是西部沿海受副热带高压带控制和来自大陆的东南信风控制，加上西澳大利亚寒流的影响，干燥少雨。

基本小知识

信 风

信风指的是在低空从副热带高压带吹向赤道低气压带的风。信风在赤道两边的低层大气中，北半球吹东北风，南半球吹东南风，这种风的方向很少改变。它们年年如此，稳定出现，很讲信用，这是它在中文中被翻译成"信风"的原因。

黑煤和褐煤探明储量656亿吨，主要分布于大沙沙漠中部，这里的煤田面积达55000平方千米，煤的储量占全国煤储量的15%。铁矿石总储量350多亿吨，主要分布在沙漠西部的地区。铅、锌、铜多产于共生矿中。金矿储量丰富，是世界上主要产金国之一。铝土矿储量约62亿吨，居世界前列，主要分布在沙漠的达令山脉。石油储量约2340万吨，主要分布在南部。天然气储量 5500 多亿立方米。铀探明储量 30 万吨。磷酸盐分布在西北部。此外，还有镍、锰、铌、钽、钒、铍、锆、钛等金属。

沙漠内的经济活动很少，不过在西部有一些金矿和铜矿矿井以及一些养牛场。矿井中最有名的是特尔弗小镇的金矿，它是澳大利亚最大的金矿之一。未开发的铀矿床位于特尔弗以南。

农牧业以小麦、养羊为主。农业人口占全国人口的 6%。耕地面积占全国面积 2%，其中一半种植小麦。天然牧场占全国面积的 55%。主要粮食作物是小麦，其次是大麦、燕麦；主要经济作物是棉花、甘蔗，其次是亚热带水果。小麦主要分布在东南部墨累河至达令河流域以及西南部地区。1993 年产小麦 1610 多万吨，是世界主要小麦输出国之一。牧羊区与小麦分布区基本一致，有羊 17000 多万只，绵羊数居世界第二位，羊毛产量居首位。有牛 2600 多万头，主要贸易对象是美、日、英以及共同市场的一些国家。出口以农畜产品为主，约占出口总额的 7%，其中又以小麦、羊毛为最重要。其次是矿产品，约占出口总额的 4%。

澳大利亚是个移民国家，其人民既有西方人的爽朗，又有东方人的矜持。土著居民以狩猎为生，"飞去来器"为独特的狩猎武器。

居民很少，每平方千米还不到 0.4 人。偌大的面积空无一人，但是只要植被能供养牲畜，或有可靠的水源，散落的人群便会在这个世界上最艰难的环境中和岌岌可危的生态环境下生存下去。

➤ 维多利亚沙漠

维多利亚沙漠位于澳大利亚内陆西部的沙漠地区，自西澳大利亚州巴利湖以东，至南澳大利亚州西部，北接吉布森沙漠，南邻纳勒博平原，东西长约 1200 千米，最大宽度约 550 千米，面积约 30 万平方千米，平均海拔 150～300 米，多沙丘和盐沼，植物稀少。

知识小链接

盐 沼

　　盐沼是地表过湿或季节性积水、土壤盐渍化并长有盐生植物的地段。有人认为，盐沼属于广义的沼泽范畴，但它在水质、土壤、植被和动物各方面与其他沼泽类型都有明显的差别。盐沼地表水呈碱性，土壤中盐分含量较高，表层积累有可溶性盐，其上生长着盐生植物，这是它的基本特性。盐沼广泛分布于海滨、河口或气候干旱或半干旱的草原和荒漠带的盐湖边或低湿地上。

　　澳大利亚的荒漠地跨西、南澳大利亚两州。北起吉布森沙漠，南至纳拉伯平原，西起卡尔古利，东迄斯图尔特岭。维多利亚沙漠连同大沙沙漠、吉布森沙漠、辛普森沙漠共同组成了澳大利亚沙漠。1875 年，冒险家翟理斯由东而西横越此区，并命名为维多利亚沙漠。该沙漠大部分为浩瀚沙丘，部分为草地、盐沼，有多处国家公园和保护区。

盐 沼

　　维多利亚沙漠，是世界第二大沙漠，是澳大利亚最大的沙漠，位于澳大利亚的西南部。这里雨水稀少，干旱异常。夏季的最高温度可达 50℃。

　　如果按单位面积计算，这里的物种多样性要远远超过南美洲的热带雨林，因此发现者称这里为"沙漠花园"。科学家发现，生长在这里的植物对自己非常苛刻，对水和养料的需求少得可怜，几乎是别处植物的十分之一。同时这里所有植物的叶子都不是绿色的，而是带有各种鲜艳的颜色。更奇特的是，这些花朵都能分泌超乎想象的大量花蜜。科学家对这些植物进行了 30 年的深入研究，才发现其中的奥秘：这里的土壤成分主要是没有养分的石英，只有对水分和营养需求极少的植物才能生存；昆虫和鸟类在这里非常稀少，几乎没有潜在的授粉者，植物的生存繁衍主要靠传播花粉。在这种条件下，植物必须开出最大最艳丽的花朵，分泌最多的花蜜，才能吸引极少潜在的授粉者的注意。

沙漠中的动物

维多利亚沙漠在水利资源上的一个最大特点，就是有极丰富的地下水，形成若干地下潜水区。地下潜水区的总面积达 250 万平方千米，几乎占全国面积1/13，其中大自流盆地区的面积达 17 万平方千米，是世界上最大的自流盆地。自流井对牲畜饮水和农业灌溉十分有利。森林面积约占全国总面积的5%，主要分布在东南部和西南部，盛产桉树、棕榈、松树等林木。沙漠以动植物的珍异闻名，是世界上桉树的原产地，有袋鼠、针鼹、鸭嘴兽、黑天鹅等珍奇动物。